「더 빨리 배우고 더 많이 기억하기」 시리즈 ③

뇌를 점검하라

「더 빨리 배우고 더 많이 기억하기」 시리즈 3
뇌를 점검하라

2004년 9월 10일 1판 1쇄 인쇄
2004년 9월 15일 1판 1쇄 발행

지은이 데이비드 게먼 · 앨런 브래던
옮긴이 윤 영 화
펴낸이 강 찬 석
펴낸곳 도서출판 **나노미디어**
주 소 120-866 서울시 서대문구 북아현3동 1-673호 2층
전 화 02)364-2791 팩 스 02)364-2787
등 록 제8-257호

ISBN 89-89292-17-4
ISBN 89-89292-14-× 03320 (세트)

정가 7,000원
잘못된 책은 바꾸어 드립니다.

「더 빨리 배우고 더 많이 기억하기」 시리즈 ③

Brain Upgrade

뇌를 점검하라

데이비드 게먼 · 앨런 브래던 지음
윤 영 화 옮김

나노미디어

로즈메리가 있다, 이는 기억하기 위한 것이다.
그리고 팬지꽃이 있다. 이는 생각하기 위한 것이다.

–햄릿

머리말

정상적인 유아는 태어난 지 9개월이 지나면 성숙한 다른 영장류를 앞지르게 된다. 유치원이나 초등학교에 들어갈 나이가 되면, 어른들도 못하는, 또 어떤 기술로도 복제할 수 없는 기술들을 스스로에게 성공적으로 가르칠 수 있게 된다. 즉, 모국어를 유창하게 하게 되고 사람들의 얼굴을 알아보는 놀랄 만한 능력을 가지게 된다. 이는 단지 두 가지 예에 불과하다.

「더 빨리 배우고 더 많이 기억하기」 시리즈 1권

인 『뇌를 깨워라』에서는 우리 아기들의 뇌가 얼마나 잘 발달하고 있는지, 한창 배우는 시기에 있는 발달하는 뇌에서는 무엇이 일어나는가를 기술한다. 또한 돌보는 사람으로서의 부모의 역할, 학습불능의 신호, 여러 가지 지능과 기질특성들이 어떻게 드러나는가를 다룬다. 이런 엄청난 성취를 이루게 되는 어린이들의 동기는 태어난 지 몇 개월 동안에는 뇌에서 프로그램되어 나오는 생존본능에 의해서 결정된다. 생후 2년이 되면 자의식이 시작된다. 이는 아마도 자신의 취약성에 대한 느낌과 배우려는 욕구에서 나올 것이다. 그리고 생후 7년째가 되면 뇌는 충분히 발달하여 가족 내에서 어떤 책임있는 역할을 담당하게 된다.

「더 빨리 배우고 더 많이 기억하기」 시리즈 2권인 『뇌에 투자하라』에서는 20대 중반부터 시작되는 성숙한 뇌의 활동과 중대관심사를 기술한다. 이때에는 뇌가 가진 파워가 최고조에 도달하는데, 이는 50대 후반까지 이어진다. 이때가 되면 종종 뇌의 작용이 느려지는 데 대한 첫번째 신호가 나타나기 시작한다. 이로 말미암아 때때로 사람들이 당황하게 된다. 여기에서는 이 시기에 영향을 미치는 요인, 그리고 위협을 최소화시키고 정신적 조건화로 기술을 최대화시킬 수 있는 통찰을 제공한다. 중년기에 있는 사람들은 흔히 스트레스 원인과 그 결과에 직면하게 되는데, 이 시리즈 2권에서는 중요한 사건을 기억 · 저장하는 데 있어서 수면의 중요성, 적절한 정서 반응, 결정적으로 중요한 자료를 기억에 부호화하고 이를 신뢰롭게 기억해 내는 전략, 뇌보상 체계가 학습을 촉진시키는 방법, 주의집중을 유지시키는 운동, 더 나아가 커피, 점심, 영양분이 뇌기능에 미치는 효과를 다룬다.

더 나이가 들면, 축적된 지식이 힘의 원천이 되고 기억은 가장 큰 기쁨 가운데 하나가 된다. 은퇴한 사람들은 자신의 수양을 쌓을 시간을 가지게 되지만, 인지적인 감퇴를 촉진시키기 쉬운 일상생활을 영위하기도 쉽다. 「더 빨리 배우고 더 많이 기억하기」 시리즈 3권인 『뇌를 점검하라』에서는 그런 기회와 위험성을 다룬다.

이 책에서는 현재의 정보, 이름을 기억하는 데 대한 조언, 가르치는 것의 장기적인 가치, 어떤 종류의 정신적인 운동이 뇌의 쇠퇴를 감소시키는지, 유머가 가진 치유의 힘, 긍정적인 기분이 어떻게 사고를 명확하게 하는지, 신체운동이 어떻게 젊게 만드는지, 영양보충과 약에 관한 사실, 최근에 신경과학이 치매의 영향을 역전시키는 방법에 대해 알아 낸 것에 대해서 다룬다.

이 세 권의 책은 10일 동안 어떻게 기억력을 두 배로 만드는가에 관한 그런 책만은 아니다. 그런 책은 많이 있다. 그리고 그런 책들은 기억의 전형적인 단점과 약점을 피해 가는 학습비결을 배우는 데 유용할 수 있다. 이 책에서 우리는 그런 종류의 실제적인 기억-증진 기술들을 묘사할 것이다. 또한 최근의 뇌연구가 밝힌 학습과 기억이 작용하는 방법, 어떻게 더 빨리 학습하는가, 그리고 어떻게 기억을 유지시키고, 더 깊고 더욱 강력한 수준에서 기억을 증진시킬 수 있는가 하는 방법들을 묘사할 것이다.

인간의 뇌가 어떻게 작용하는가에 관심있는 사람 누구에게나 이런 것은 흥분되는 주제이다. 이 책들은 심지어 1세대 전만 해도 쓸 수 없던 책이다. 새로운 영상기법 — PET, fMRI, MEG 등 — 은 대부분의 20세기 심리학자들과 정신과 의사들이 어림짐작하는 것보다 훨씬 자세한 수준으로 뇌활동을 나타낸다.

분자생물학의 발달로 신경과학자들은 학습과 기억형성에 관련되는 분자를 정확하게 알아 낼 수 있게 되었다. 또한 기억이 만들어질 때 뇌세포 사이에 있는 연결점에서 일어나는 정확한 구조적인 변화를 구체적으로 알게 되었다. 인간 게놈을 지도화하는 것은 알츠하이머병과 같은 뇌질환을 일으키는 유전자뿐만 아니라, 지능과 기질의 특정한 측면에 대해 부호화하는 유전자를 확인하는 것도 도와주었다. 그리고 정교한 세포추적 기법들은 성숙한 뇌에 아무런 제한없이 새로운 뉴런을 만들 수 있는 줄기세포stem cell가 있다는 사실을 밝혔다.

이렇게 새롭게 발견된 지식의 의미는 대단하다. 때로 무시무시하기까지 하다. 이제 뇌연구자들은 뇌가 기억을 어떻게 분자수준과 구조적 수준에서 부호화하는가를 알게 되었을 뿐만 아니라, 그 과정에 영향을 주어 기억형성을 자동적이면서 노력을 들이지 않고 일어나게 하는 과정 또는 기억이 형성되지 않게 방해하는 과정, 심지어는 이미 형성된 기억을 지우는 과정을 알게 되었다.

PET 스캔은 '레인드랍스 킵 폴링 온 마이 헤드 Raindrops Keep Falling on My Head' 와 같은 노래에 귀 기울일 때 활동을 많이 하는 뇌부위를 알려줄 뿐만 아니라, 명상이나 종교적 통찰 동안 활동하는 영역과 활동하지 않는 영역도 밝히고 있다. 머지않아 늙어가는 사람의 뇌에서 반점을 만드는 베타-아밀로이드 단백질에 의해서 뉴런이 파괴되는 손상을 막든지, 그 손상을 수선하기 위해서 신체 자체의 면역계를 자극하여 작용하는 알츠하이머 백신을 사용할 것이다. 정신적 민감성을 유지하는 호르몬과 줄기세포들을 알약의 형태로 복용하든지, 그것을 뇌로 직접 주입하게 될 것이다. 그리고 프로작 Prozac(주 : 주로 우울증환자에게 처방하는 약)으로 일어난 혁명은 뇌신경 전달계에 변화를 일으키는 알약이 어떻게 기분을 증진시킬 뿐만 아니라, 야망이나 자존감, 기질, 그리고 우리의 정체감의 핵심 가까이에 있는 성격의 다른 측면들까지 조정할 수 있는지에 관해서 우리의 상상력을 자극했다.

언제나 그런 것처럼, 새롭고 중요한 기술은 유망한 약속뿐 아니라 위협도 준다. 그리고 그 질병보다 더 나쁜 치유법도 가져올 수 있다. 자신에게 힘을 주는 것, 자아방어 둘다에 관한 뇌과학의 기본적인 이해는 모든 사람에게 중요하다. 적어도 새로운 뇌연구의 일반적인 발견을 이해하는 것은 점진적으로 교양수준에서도 중요한 부분이 되고 있다. 연구결과들을 지식이 없는 상태에서 단순화시킨 것이나 일화적인 증거에 의존하기에는 그런 연구결과들은 모든 사람들의 생활에 너무나 중요하다.

「더 빨리 배우고 더 많이 기억하기」 시리즈는 브레인웨이브즈 센터Brainwaves Center에서 나오는 다른 책들처럼 생물공학 실험실이나 과학잡지 이외에서는 잘 보고되지 않는 연구결과들을 보통 사람들이 이해하고 사용하는 것을 돕는 목적으로 출판되었다. 이 목표에는 시간이 중요하다. 왜냐하면, 뇌연구가 의존하는 많은 기술들이 하이-테크 기술에 의존하고, 비밀이고 돈이 많이 드는 것이지만, 많은 연구결과들이 즉각적으로 값싸게 그리고 쉽게 적용될 수 있기 때문이다. 마음의 향상과 뇌유지에 관한 중요한 지식은 상업용광고나 대중성의 혜택을 보기는 어렵다. 왜냐하면, 그런 연구결과들에 대한 현실적용은 누구에게나 무료로 이용가능하기 때문이다. 그래서 그 결과들은 상업적으로 이용될 수 없다. 공중건강과 복지의 많은 다른 영역에서처럼, 우리는 무엇이 진행되고 있느냐에 대해서 신뢰로운 정보를 얻기 위해서 어떤 조치들을 취해야 한다.

이 책들은 현재의 과학정보에 대한 소스 북이다.

이 책에는 어떻게 학습을 빨리 하고 기억을 굳게 하며, 역량을 쌓고, 자신과 다른 사람을 위하여 자신감과 정신적인 생산성을 쌓느냐에 관한 실제적인 조언이 들어 있다. 그런 이유로 우리들은 「더 빨리 배우고 더 많이 기억하기」 시리즈를 인생의 즐거움에 힘을 주고 형태를 만드는 학생들, 부모들, 교사, 그리고 전문적으로 사람을 돌보는 사람들에게 바치고 싶다.

저자들

옮긴이의 글

뇌에 관한 연구를 해왔고 대학교에서 생리심리학 전공 학생들에게 뇌에 관한 수업을 해 온 내가 이 책을 번역하게 되어 기쁘다.

뇌는 우리가 한없이 흥미를 느낄 수 있는 분야이다. 생리심리학이 내 전공이어서 그런지 모르지만 뇌에 관한 연구는 정말 끝도 없이 재미있다.

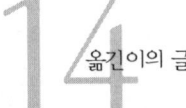

어떤 사람들은 처음에는 뇌에 관한 책이나 정보가 이해하기 어려울 것 같다고 이야기하다가도 막상 나

와 함께 뇌에 대해 이야기를 나눈 후에는 뇌에 관한 사실들에 대단히 많은 호기심이 끌린다고 말한다.

이 책은 원래 세 부분으로 구성되어 있던 『더 빨리 배우고 더 많이 기억하기』라는 책을 각 부분별로 한 권의 책으로 만들어서, 세 권의 책으로 번역 · 출판된 책 중 한 권이다.

그 시리즈 중 첫번째 책인 『뇌를 깨워라』는 자궁에서부터 청소년기까지의 뇌발달 및 특징을 다룬다. 두번째 책인 『뇌에 투자하라』에서는 성인기의 특징적인 뇌관련 사실들을 다룬다. 세번째 책인 『뇌를 점검하라』에서는 노년기의 뇌발달 및 특징 등을 다룬다.

시중에 뇌관련 책들이 많이 나와 있는데 그 중 대다수가 뇌과학의 단편적인 지식에 기초해서 만들어 임시방편적인 수단을 제시하고 있는 경우가 많다. 어떤 경우 마치 코끼리 다리만 만져보고 코끼리 전체에 대한 이야기를 하는 꼴인 경우가 많다.

그런데 「더 빨리 배우고 더 많이 기억하기」 시리즈는 최근까지 나온 신경과학의 정확한 연구결과들을 싣고 있다. 그러면서 이 책은 일반인들이 쉽게 볼 수 있고, 또 일반인들에게 흥미로운 주제들을 다루고 있다. 최근 연구들도 많이 있어 번역자가 생각하기에 '생리심리학' 이나 '뇌' 를 전공하는 학생들에게도 이 책은 가치있다고 본다.

이 책에 있는 뇌관련 최근 연구결과가 특히 의미있는 것은 우리가 일상생활에 적용할 수 있는 실용적인 내용이 많다는 점이다. 정확한 정보에 기초해서 응용하는 것이 중요하기에 이 책이 더욱 의미있다고 생각한다.

끝으로 이 책이 나오기까지 원서선택에서부터 마지막 손질까지 신경써 주신 나노미디어의 강찬석 사장님과 편집위원들에게 감사의 말씀을 드린다.

옮긴이 **윤영화**

뇌의 기본적인 해부

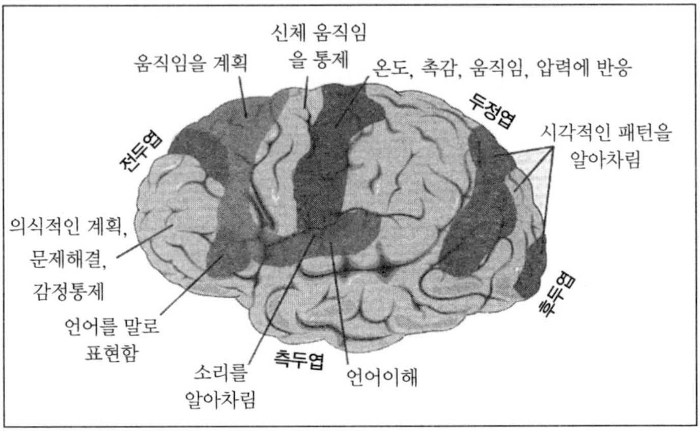

아세틸콜린(Acetylcholine) 주의, 학습, 그리고 기억에서 중요한 역할을 하는 신경전달 물질.

편도체(Amygdala) 변연계의 일부로, 위협적인 것에 정신을 바짝 차리게 하는 뇌 구조물.

축색(Axon) 신경세포의 긴 가지로, 정보를 다른 세포로 전달한다.

조건화(Conditioning) 어떤 사건에 항상 선행하는 자극에 대해 학습된 반응을 하게 되어, 마치 그 자극이 그 사건 자체인 것처럼 된다.

피질(Cortex) 뇌의 표면을 덮고 있는 세포의 층으로 쭈글쭈글하다. 종종 회백질이라고 불린다.

선언적 기억(Declarative memory) 사실과 사건에 대한 의식적인 회상으로, 외현적 기억(Explicit memory)이라고도 불린다.

수상돌기(Dendrite) 신경세포의 가지로, 다른 세포에서 정보를 받아들인다.

도파민(Dopamine) 뇌의 내부보상 체계에서 작용하는 '쾌' 신경전달 물질.

일화적 기억(Episodic memory) 무엇이 일어나고 언제 일어났느냐에 대한 의식되는 기억으로, 종종 '자서전적인 기억(autobiographical memory)'이라고도 한다.

전두엽(Frontal lobe) 가장 최근에 진화한 뇌부위로서, 의식적인 계획, 문제해결, 그리고 정서통제에 사용된다.

글루타메이트(Glutamate) 뇌세포 사이에 분비되는 신경전달 물질의 한 종류로, 학습과 기억통로를 만드는 데서 중요한 역할을 하는 신경전달 물질이다.

회백질(Gray matter) 피질을 보라.

습관화(Habituation) 위협적이지 않은 자극이 반복해서 일어나는 것을 뇌가 무시하는 것을 학습하는 무의식적인 학습형태.

변연계(Limbic system) 정서, 기억, 그리고 주의에서 중요한 역할을 하는 일단의 뇌 구조물들.

왼쪽 대뇌반구를 내부에서 본 것

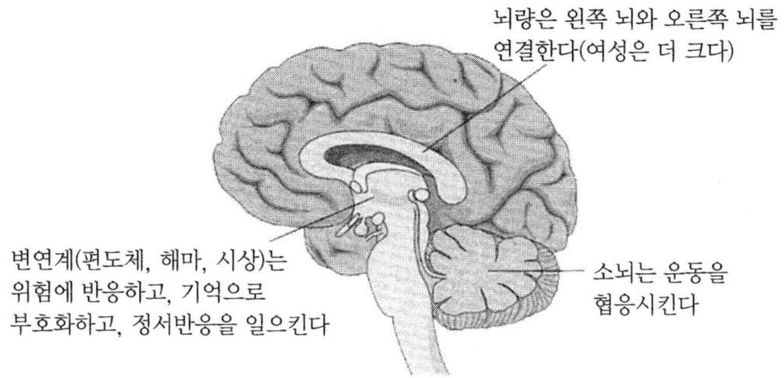
뇌량은 왼쪽 뇌와 오른쪽 뇌를
연결한다(여성은 더 크다)
변연계(편도체, 해마, 시상)는
위험에 반응하고, 기억으로
부호화하고, 정서반응을 일으킨다
소뇌는 운동을
협응시킨다

장기상승(Long-term potentiation) 학습과 기억의 기저에 있는 과정으로, 하나의 뇌세포가 이웃한 세포에서 오는 자극에 민감하게 되는 과정.

수초(Myelin) 뇌세포의 축색을 둘러싸고 있는 절연물질.

신경생성(Neurogenesis) 새로운 뇌세포의 생성.

뉴런(Neuron) 신경세포, 즉 신경계에 있는 세포. 종종 뇌세포라고도 불린다.

신경전달 물질(Neurotransmitter) 뇌세포가 다른 세포와 의사소통하기 위해서 사용하는 화학 메시지.

비선언적 기억(Nondeclarative memory) 의식하지 못하면서 행동에 영향을 주는 무의식적인 기억과 학습의 형태. 내현적 기억(implicit memory)이라고도 부른다.

점화(Priming) 역치 아래의 기억형태로서, 하나의 정보조각이 다른 것을 회상하는 데 단서가 될 수 있다.

절차기억(Procedural memory) 어떻게 자전거를 타는가 또는 자신의 이름을 사인하는가와 같은 기술과 습관에 대한 자동적인 기억. '근육기억(muscle memory)'이라고도 한다.

세로토닌(Seortonin) 기분과 연관되어 있으며, '좋은 기분을 느끼게 하는' 신경전달 물질. 이는 프로작(Prozac)과 같은 항우울제에 의해서 상승한다.

역치하(Subliminal) 의식수준 아래에 있는 것.

시냅스(Synapse) 뇌세포들 사이에 있는 간격으로, 그 사이에서 신경전달 물질이라는 화학물질이 메시지를 전달한다.

백질(White matter) 피질 아래에 있는 뇌의 부분으로, 대부분 수초에 싸인 뇌세포의 축색으로 이루어져 있다.

작업기억(Working memory) 정보를 지금 당장 유지하는 단기기억으로, 문제를 해결하기 위하여 이를 사용한다.

차 례

✻ 뇌를 점검하라
소중한 삶의 질을 유지시키기

뇌를 점검하라

소중한 삶의 질을 유지시키기

건강한 노화

나이와 관련된 기억력감퇴를 제압하는 데 대해 교수에게서 듣는 강의

건강하게 노화하더라도 정신적인 민첩성과 예민성이 어느 정도는 상실된다. 이름이나 숫자, 사실을 회상하는 것이 느려지는데, 이는 정상이다. 그렇다고 꼭 치매가 시작되었다는 것을 의미하는 것은 아니다. 이전에 잘 알고 있던 이름이 혀끝에서 맴도는 현상 대부분이 알츠하이머 병의 초기증상을 나타내는 것은 아니다. 그것은 단순히 정상적인 노화의 표시다. 그렇지만 나이든 사람 중에 어떤 사람은 다른 건강한 노인들보다도 정신적으로 더 예민한 상태를 유지한다. 최근 이런 차이에 대한 연구로, 정신적으로 활동적인 생활양식이 인지능력을 유지시키는 데 도움을 주고, 이런 것이 아마 치매를 예방할 수 있다는 증거가 점점 쌓이고 있다. 모든 기억감퇴가 죽음이나 세금과 같이 피할 수 없는 것은 아니다.

노화하면서 나타나는 정상적인 기억감퇴란 어떤 것인가?

신체와 마찬가지로 뇌가 노화하면 반응시간이 느려지는 것은 정상이고 피할 수 없는 현상이다. 시간적인 압력을 받으면 보통 나이든 사람들이 젊은 사람들보다 더 많이 영향을 받아 잘 수행하지 못한다. 나이든 사람들 역시 동시에 과제를 여러 개 할 때 더 많은 어려움을 겪는다. 예를 들면, 노인이 도로에 정신을 쓸 때는 핸드폰으로 전화하면서 운전하기가 더욱 어렵다. 만약 사고가 나면 거기에 반응하더라도 느리게 반응할 것이다(노인이 운전할 때에는 우선 이런 상황에 빠지지 않을 정도로 충분히 현명하게 행동할 것이다.).

정보를 처리하는 데 시간이 더 오래 걸린다는 점, 그리고 정신적인 과제를 둘 이상 동시에 하는 것이 어렵다는 사실을 결합해서 생각해 볼 때, 나이든 사람들은 건강하더라도 어떤 이야기나 신문기사에 나오는 자세한 내용을 회상하기 어렵다고 하는 이유를 설명할 수 있을 것이다. 글을 읽으려면 글의 다음 부분을 처리할 뿐 아니라 방금 전에 무엇을 읽었는가를 회상할 수 있어야 한다. 나이든 사람들은 정보를 처리하는 데 더 많은 시간이 걸리기 때문에 첫번째 읽은 글에 대한 기억흔적이 다음 글을 충분히 처리하기 전에 희미해지기 때문이다.

작업기억력의 감퇴

나이가 많아지면서 점점 쇠퇴하는 기억기술 중 대부분이 작업기억이라는 범주에 들어간다. 작업기억 과제에서는 종종 두 개를 동시에 통합하거나, 적절한 자료에서 부적절한 자료를 분리시킬 필요가 있다. 이런 종류의 기술에는 뇌의 전두엽이 중요한데, 전두엽은 초기성인기 이후 그 효율성이 감소하는 경향이 있다.

예를 들면, 사람이 많은 시끄러운 식당에서 당신이 어떤 사람이 하는 말에 주의를 기울여야 하는 것이 어떤가를 생각해 봐라. 당신 주위에 많은 소음이 있는 가운데서 당신은 전경과 배경을 분리할 수 있어야 한다. 그리고 한 목소리에만 주의해야 한다. 이런 수준의 주의집중을 하기 위해서는 어느 정도 노력이 필요하다. 그리고 당신은 그렇게 할 수 있다. 이제 조금 더 어려운 과제, 즉 동시에 두 목소리에 주의를 집중해야 하는 상황을 상상해 보라. 실제세계에서 일어나는 이와 같은 과제를 심리학자들은 실험실에서 이중과제dual task performance 수행검사, 즉 분리된 주의과제 검사divided attention task라는 형태로 평가한다. 예를 들면, 이런 검사를 할 때 피험자는 헤드폰을 쓴다. 그리고 왼쪽 귀로는 일련의 숫자를 듣고 오른쪽 귀로는 다른 일련의 숫자가 나오는 것을 듣는다. 그리고 그 피험자는 일련의 숫자, 두 가지를 서로 섞지 말고 따라서 말해야 한다. 이 과제는 누구에게나 어렵다. 30세가 넘은 사람 누구에게도 어렵고, 나이가 많이 든 사람일수록 점점 더 어렵다(박스 28쪽을 보라).

작업기억 기술에 대한 테스트

작업기억의 두 가지 요소인 온라인 처리와 단기기억 저장고를 검사하는 과제가 아래에 제시되어 있다.

이 검사를 이상적으로 잘 하려면 검사받는 사람에게 이 문장들을 당신에게 소리내어 천천히, 그리고 분명히 읽게 한다. 각 문장에 대해 그 문장이 말이 되는지 아닌지 판단하게 하라. 어떤 문장은 말이 되고, 어떤 문장은 말이 되지 않는다. 각 문장의 끝에 그 문장의 주제에 대해 요약하는 구실을 하는 단어가 있는데 이것도 동시에 기억하라.

- 소설은 어떤 사람의 현실에 대한 이야기이다. 비록 그 현실이 환상세계 밖에서는 존재하지 않지만. **이야기**
- 지주는 자신이 소유한 땅에 있는 독재자와 같다. 그는 자신의 엄마들에게 해야할 것을 명령한다. 그리고 그 사람들은 복종 이외에는 어떤 선택도 할 수 없다. **소작료**
- 내가 젊었을 때 나는 내 숙모가 11월마다 그녀의 주머니에 구근을 심는 것을 보곤 했다. **정원**
- 대학이란 당신이 어떻게 배우는가를 아는 기술 이외에 다른 기술은 거의 배우지 않는 장소이다. **공부**

- 오늘날 대부분의 젊은 사람들은 우리의 소프트볼이 해야 할 희생의 가치를 결코 배우지 않는다. **의무**
- 야외로 소풍을 가는 것은 즐겁다. 당신이 태양 아래 있고, 맥주를 너무 많이 마시지 않고 캥거루에게 차이지 않는다면. **호주**
- 큰 술통의 문제는 한 사람이 들기에는 너무 크고 둘이 들기에는 그렇게 크지 않다는 점이다. **와인**
- 처칠의 아내는 처칠에게 별명을 붙여주었는데, 많은 전기 작가들이 그것을 썼다. **불독**

이 단어 중 어떤 것을 벌써 잊었는가? 이 검사를 잘 하기 위해서 당신은 두 가지 인지기술을 통합해야 한다. 각 문장의 의미가 통하는가 분석하고, 긴 단어목록을 계속 기억해야 한다. 나이든 사람들은 젊은 사람들보다 이런 종류의 검사에 취약하다.

치매는 정상적인 노화과정의 일부가 아니다

기억력이 어느 정도 상실되는 것은 노화의 정상적인 부분이지만, 치매를 겪을 위험은 그와 다르다. 노화가 인지에 미치는 영향은 사람에 따라 차이가 있는데, 그 차이는 유전자에 있다. 그러나 여러 다른 생활양식을 가진 큰 집단의 사람들을 연구한 결과, 교육수준이나 직업과 늙어서 치매가 될 위험성 간에는 어떤 관계가 있다는 것이 시사되고 있다. 예를 들면, 프랑스에서 한 영향력 있는 연구에 의하면, 보르도에 있는 노동자들의 치매위험성은 전문직에 있는 사람들보다 두 배에서 세 배나 높았다. 많은 연구에서 교육수준 또한 알츠하이머 병의 발달가능성과 역으로 관련된다. 이런 결과들은 집단에서 나타나는 차이를 설명하는 데 도움을 준다. 그러나 그 결과가 개개인들이 늙어가면서 치매를 피하는 데 크게 도움을 주지는 못한다.

생활양식이 차이를 낼 수 있다

통제할 수 있는 생활양식과 환경요인들이 인지능력을 유지하는 데, 또 치매를 예방하는 데 중요한 역할을 할 수 있다는 증거가 연구에서 나오고 있다. 1960년대 버클리 소재, 캘리포니아 대학에 있는 실험실에서 행한 일련의 연구에서 연구자들은 좋은 환경에서 자란 쥐들은 텅 빈 쥐 장에서 자란 쥐들보다 뇌가 더 컸고, 더 똑똑하다는 것을 발견했다. 여기서 좋은 환경이란 많은 놀이기구, 놀 친구, 그리고 새로이 배울 것이 많은 환경을 말한다. 좋은 환경에서 자란 쥐가 가진 뇌세포의 크기와 특성은 좋지 않은 환경에서 자란 쥐들에게서 나타난 것보다 훨씬 좋았다. 그 동물의 뇌세포의 수상돌기는 더 크고 가지도 더 많이 발달되어 있었다. 그 뇌세포에는 더 많은 시냅스(뇌세포 간에 있는 접촉점)가 있었다. 즉, 더 많은 학습통로가 있고 지능이 더 높았다.

이런 결과들이 명백한 것처럼 보이지만, 좋지 않은 환경에서 자란 쥐들을 그 후 좋은 환경으로 옮겼을 때 그 쥐들의 뇌가 이전보다 더 크고 쥐가 더 똑똑해졌다는 사실이 동일한 실험에서 나타났다. 나이가 들었을 때도 이 쥐들의 뇌는 새로운 생활양식과 환경에 극적으로 반응할 정도로 충분히 변화할 수 있었다.

이런 결과가 인간에게도 적용되는가? 확실히 그렇다고 말하기는 어렵다. 왜냐하면, 연구자들이 쥐에게 하는 것과 동일한 방법으로 인간의 환경을 실험적으로 조작할 수는 없기 때문이다. 그러나 여러 연구에서 성인기 동안 직업 이외 지적활동과 신체활동을 하는 빈도가 많고 다양하면 치매를 방지하는 데 효과가 있다는 것을 발견했다. 이런 연구 대부분에서 그 저자들은 지적활동이 가장 중요한 요인이라는 것을 발견했다. 외국어를 공부하거나 브리지 게임 같은 그런 활동을 자주, 다양하게 하는 것이 알츠하이머 병의 발병가능성을 낮춘다는 결과를 발견했다. 그와 대조적으로 신체적으로나 정신적으로 비교적 활동을 하지 않는 사람들이 치매를 발달시키는 위험성은 250% 더 높게 나왔다.

당신이 얼마나 잘 기억하느냐 하는 정도는 당신이 이미 알고 있는 것에 달려있다

모든 것이 동일하다면 당신이 더 많이 알고 있을수록 당신이 이미 가지고 있는 지식창고에 새로운 것을 기억하여 넣기가 쉽다. 그렇기 때문에 만약 어떤 연구자가 아래에 있는 글을 80세 된 정원사와 정원사가 아닌 20세인 사람에게 읽게 한 후 기억하는 것을 비교한다면 80세 정원사 노인이 더 잘 기억할 수 있다.

> 내 어머니는 항상 정원 손질하시는 것을 즐기셨다. 어머니에게 겨울은 대단히 우울한 기간이었다. 봄이 될 때마다 어머니의 활기는 어머니가 땅에 퇴비를 주면서 땅을 거름지게 하고 새로운 식물을 화단에 심을 때 치솟아 오르곤 했다. 하얀 알리섬 뜰냉이와 파란 로벨리아는 화단의 제일 앞줄에 온다. 화단 끝에는 선명한 구름과 푸른 하늘색깔을 한 작은 꽃들이 있다. 맨 앞줄 바로 뒤에는 중간키인 달리아, 미나리아재비, 그리고 금어초를 심는다. 봄날 아침, 내 침실창을 통해 그 정원을 바라보면 그 화단은 어린 나의 눈에 마치 생일잔치 때의 즐거운 알록달록한 색종이조각처럼

보였다. 어머니가 화단 중앙에 꽃을 심을 때에는 언제나 작년 가을에 심었던 튤립, 그리고 나팔수선화의 구근을 다치지 않게 신경쓰셨다. 그리고 그것들은 이제 막 풀린 땅위로 창백한 초록색 코를 내밀기 시작했다. 그 뒤에는 가장 키가 큰 거인과 같은 식물들이 우리집 마당과 이웃집 마당을 가르는 담 사이에 딱딱한 배경막을 형성했다. 디기탈리스, 수염이 있는 붓꽃, 그리고 접시꽃이 거기에서 어렴풋이 보인다. 그 꽃들은 아름다운 장신구 속에 이상하리만큼 번쩍거리면서 당당하고 우쭐대면서 서 있었다.

이제 읽은 것을 다시 보지 말고, 아래에 있는 질문에 답해 봐라.

1. 화단의 제일 앞쪽에 있는 꽃의 이름을 들라. 그리고 키가 중간인 식물, 그리고 나서 가장 뒤에 있는 키 큰 꽃의 이름을 들라.
2. 로벨리아의 색은 무슨 색인가?
3. 위의 글에서 볼 때, 튤립의 키는 대단히 작은가, 중간인가, 아니면 키가 큰가?

4. 만약 글쓴이의 어머니가 중간키 식물인 스태티스를 심으려고 한다면 그 어머니는 다음 꽃 중에서 어느 꽃 옆에 심을까? 로벨리아, 붓꽃, 아니면 미나리아재비.

5. 글쓴이 생각에는 다음 꽃 중에서 어느 꽃이 지나칠 정도로 화려하다고 보는가? 디기탈리스, 미나리아재비, 금어초.

해답

1. 앞쪽 : 알리섬 뜰냉이 또는 로벨리아. 중간 : 금어초, 미나리아재비 또는 달리아 (튤립이나 나팔수선화도 옳다). 뒤쪽 : 디기탈리스, 접시꽃 또는 수염 달린 붓꽃.
2. 파란색
3. 중간키
4. 미나리아재비
5. 디기탈리스

핵심

옳은 답이 0~1개 : 내가 휴가 가는 동안 집을 비울 때 당신에게 우리 집 꽃들을 돌보라고 하지 않도록 내게 상기시켜 주세요.

옳은 답이 2~3개 : 당신은 잡초와 꽃을 구별할 줄 아는 것 같다.

옳은 답이 4~5개 : 당신은 정원사이거나, 아니면 당신은 매사에 이해가 빠른 사람이다.

지적활동이 왜 차이를 낳는가

지적자극과 지적활동이 왜 사람들의 인지능력 간에 차이를 낳는가? 한 가지 가능성은 지적으로 활동적인 사람들은 생의 후반에 가서 필요할 때 의지할 뇌세포를 비축한다는 것이다. 그리고 비록 나이가 들어서 뇌가 구조적으로 어느 정도 손상되더라도 여분으로 있는 뉴런과 신경통로는 그것을 보충하는 데 이용될 수 있다. 또 다른 가능성은, 다양하고 자극적인 활동을 하는 것은 실제로 뇌세포가 유지되도록 도와주거나 새로운 뇌세포가 발달하는 것을 도와준다는 것이다.

다 자란 쥐로 한 최근 실험에서, 좋은 환경의 몇 가지 요소인 정신자극과 신체자극은 학습과 기억에 결정적으로 중요한 뇌구조물인 해마에서 신경재생 — 새로운 뉴런의 생성 — 의 속도를 두 배로 할 수 있다.('뇌세포를 다시 만들기'(155쪽)를 보라) 쥐뿐만 아니라 인간에게서도 정신적 자극은 성장 호르몬과 뇌세포에 필요한 영양분의 수준을 높여, 뇌가 자활기제와 재생기제를 통해 스스로를 유지하게끔 자극한다는 좋은 증거가 있다.

우리가 정상적이라고 여기는, 나이와 관련된 감퇴 중 얼마는 꼭 피할 수 없는 것이 아니라는 데 대한 또 다른 증거가 버클리 대학의 연구에서 나왔다. 그 연구에서는 나이든 교수의 정신능력을 젊은 교수들, 그리고 교수가 아닌 여러 연령 대에 있는 사람들과 비교했다. 그때 검사한 정신능력으로는, 반응시간, 짝으로 연합된 것을 학습하기(이름과 얼굴과 같은, 인위적으로 짝을 지운 것을 기억하기), 작업기억, 그리고 산문암기였다. 교수가 아닌 사람들의 집단 중에서 젊은 사람은 이 세 영역 모두에서 나이든 사람들보다도 의미있게 잘 했다. 이 결과는 일반적이고 기대되는 패턴이었다.

반면, 교수들 중에서는 나이가 수행과 일관되게 상관되지는 않았다. 복잡한 개념화검사, 그리고 새로운 정보를 이전지식과 통합하는 검사에서 나이든 교수들은 젊었을 때의 능력을 그대로 유지했다. 단순한 속도에 대한 검사나 임의적인 것을 기억하는 검사에서는 나이든 교수들이 나이와 관련되게 전형적인 감퇴를 나타내었다.

나이든 교수들은 학습, 기억력을 어느 정도는 그들의 젊었을 때의 수준으로 유지할 수 있었는데, 이는 그들이 계속해서 개념적으로 어려운 자료를 가지고 씨름해왔기 때문이다. 반면 얼굴을 보고 이름을 기억하는 것과 같이 기억해야 하는 것에 내재된 의미가 없는 정보는 나이든 교수들이 잘 하지 못했다. 이런 정보에 대해서는 그들도 나이든 사람들이 일반적으로 사용해야 하는 동일한 기억술을 사용해야 했다('기억 만들기'(57쪽)를 보라).

이 연구는 다른 연구결과들과 일치한다. 예를 들면, 다른 연구에서 어휘력과 언어기술 검사에서 높은 점수를 받은 나이든 사람들은 산문암기 검사에서 젊은 사람들과 마찬가지로 잘 수행한다. 비록 그들과 비교된 젊은 사람들 역시 높은 어휘력검사 점수를 가지고 있었지만 같은 수준으로 잘 했다. 낮은 어휘력점수를 가진 나이든 사람들을 동일하게 어휘력점수가 낮은 젊은 사람들과 비교했을 때, 나이든 사람들이 산문을 외우는 검사에서 받은 점수가 의미있게 더 낮았다. 그렇기 때문에 높은 어휘력은 기억을 보호하는 효과를 가질 수 있거나 나이가 들면서 정보를 처리하는 속도에서 나타나는 감소를 보충할 수 있는 것 같다. 독서를 하거나 사람들과 대화를 나누는 것과 같은 일상생활에 필요한 과제를 할 때에는 단순한 기억력만 중요한 것은 아닐 것이다(40쪽 박스를 보라).

당신이 알고 하는 것은 당신이 훌륭하게 늙도록 도울 수 있다

비록 지적으로 활동적인 노인이라 하더라도 단순한 정신속도 검사와 연합검사에서는 노인이 젊은 사람들보다 못하다. 하지만 위에서 요약한 것과 같은 연구들에서, 일생동안 지적으로 자극적인 활동에 종사하는 것은 늙어서 복잡한 인지능력에 긍정적인 효과를 나타내며 또한 치매의 위험을 감소시킬 수 있다는 증거가 많이 나오고 있다. 어려운 게임, 자원해서 하는 봉사활동, 취미활동, 독서그룹에 참여하기와 같은 모든 것은 늙더라도 뇌와 마음을 건강하게 유지할 수 있게 한다.

작업기억에 대한 실생활검사

어떤 기억연구자들이 많은 기억검사들에 대해서 반대하는 한 가지 이유는, 그 검사들이 대단히 인위적이라는 점이다. 사람들이 얼마나 자주 전혀 관련없는 단어로 된 인위적인 목록을 기억하고 회상해야 하는가? 그와 같은 검사를 사용할 때의 취약점은 사람들에게서 인위적인 검사들을 잘 수행할 수 있는 능력 이상을 측정할 수 없다는 것이다. 그렇기 때문에 어떤 심리학자들은 소위 그들이 말하는 '생태학적으로 적합한' 검사라는 것을 찾고자 했다. 즉, 사람들이 실생활에서 실제로 수행하는 것과 같은 종류의 과제가 포함된 검사를 만들려고 했다.

우리가 일상언어에서 작업기억을 사용한다면, 일상적인 언어이해에 대한 검사는 작업기억 능력을 측정하는 한 가지 방법이어야 한다. 예를 들면, 추리력(inferential reasoning)에 대한 검사는 빠진 정보를 채워 넣고 보충하기 위해서 진행되고 있는 대화를 사용하는 능력을 측정한다.

작업기억이, 당신이 정보의 흐름을 따라가는 것을 돕고, 명백하게 말하지 않은 것을 추론하는 것을 돕는다고 가정한다면, 추리력검사는 작업기억에 대한 검사로 사용될 수 있다. 예를 들면, 만약 어떤 이야기에서 "한 야영자가 아침에 캠프를

떠날 때 부주의하게도 불 끄는 것을 소홀히 했다." 그리고 나서 계속해서 어떻게 "산불에서 그의 죽음이 낭만적인 처벌이었나."라는 것을 기술한다면, 보통 우리는 캠프에서 피운 불이 산불을 일으켰다고 추론할 것이다.

자연 – 언어(natural language) 검사의 결과는 작업기억이 나이가 들면서 감소하는 경향이 있다는 것을 확증한다. 여기에 또 다른 종류의 작업기억에 대한 자연 – 언어 검사가 있다.

추론

논리에 대한 자연 – 언어 검사는 기억검사보다는 추리력검사처럼 보인다. 그러나 이와 같은 문제를 해결하기 위해서는 결론을 판단 할 수 있어야 하는데, 그러기 위해서 당신은 마음속에 정보를 유지하고 조작할 수 있어야 한다. 그리고 만약 그 문장을 글로 표현하지 않고 말로 나타내면, 그 검사는 특히 나이든 사람들에게 더 어렵게 된다.

다음에 나오는 각각에 대해 전제가 옳다고 가정하면서 결론이 옳은가, 아니면 그른가를 판단하라.

답은 43쪽에 있다.

1. 전제 : 만약 조지 맥도널드가 토요일 하루종일 경마장에 있었다고 말했을 때 거짓말을 하고 있었다면 그는 살인자가 될 수 있을 것이다. 경찰이 그의 이야기를 조사했을 때 그들은 그가 결코 경마장에 가 본 적이 없다는 사실을 발견했다.

결론 : 조지 맥도널드는 살인자가 될 수 있다.

2. 전제 : 결정적인 경기에서 제스가 잘 하지 못한다면 그는 그 팀의 현재 자리를 잃게 될 것이다. 게임 후 코치는 제스에게 그 팀에 계속 남아있으라고 말했다.

결론 : 제스는 그 경기에서 경기를 못한 것이 아니다.

3. 전제 : 휴가 때 전 가족을 유럽에 데려가려면 비용이 대단히 많이 든다. 레오나르드는 2주 동안 아내와 아이들을 데리고 이태리로 갔다. 그리고 그것 때문에 비용이 많이 들었다. 해리가족의 휴가 역시 돈이 많이 들었다.

결론 : 휴가 때 해리는 그의 가족을 유럽에 데리고 갔음에 틀림없다.

4. 전제 : 만약 당신이 폴로를 잘 한다면, 크로켓은 지루할 것이다. 에어프릴의 오빠는 그녀에게 폴로하는 것을 가르치려고 했으나 그녀의 실력은 형편없었다.

결론 : 에어프릴은 크로켓이 지루하다고 생각하지 않아야 한다.

5. 전제 : 맥의 기억은 사라의 기억보다 나쁘다. 그리고 조의 기억은 맥의 기억보다 더 좋지는 않다.

 결론 : 조의 기억은 사라보다 좋다.

43

41쪽에 대한 해답

1. 옳다. 2. 옳다. 3. 틀렸다 4. 틀렸다. 5. 틀렸다.

"L.A.에 있는 갱들에 대한 영화에 나오는 그 배우 이름이 뭐였지? 나쉬빌(Nashville)같은 스타일의 영화에 잠깐씩 많이 나오는 그 사람 있잖아. 토요일 밤의 열기에 나왔던 그 배우가 감독한 것인데."

44 뇌를 점검하라

이름을 기억하기 위한 비결

"괜찮아요. 저도 당신 이름을 기억하지 못해요."

무엇이 이름을 기억하기 그렇게도 어렵게 만드는가? 여기에 몇 가지 단서가 있다. 영화 나쉬빌의 이름은 기억하기 쉽다. 왜냐하면, 그 영화는 나쉬빌 안에서 시작되고 여러 가지 면에서 나쉬빌에 관한 영화이기 때문이다. 토요일 밤의 열기 역시 기억하기 쉽다. 왜냐하면, 그 제목은 그 영화의 주제와 명백히 관련되어 있기 때문이다. 만약 영화제목이 그 주제를 충분히 나타내지 않는다면 그 영화의 배경음악, 특히 그 영화이름이 나오는 주제곡을 생각하지 않고 그 영화를 생각하기는 어렵다. 그리고 갱들에 대한 영화의 이름이 무엇이었지? 싸구려 영화는 기억하기가 더 어렵다. 왜냐하면, 그런 영화의 구성은 명확하지 않기 때문이다.

토요일 밤의 열기에 나오는 배우는 물론 존 트라볼타John Travolta다. 로버트 알트만이 나쉬빌을 감독했는데, 당신이 이 사실을 알고 있을 수도 있고 그렇지 않을 수도 있다. 왜냐하면, 토요일 밤의 열기나 나쉬빌 어디에서도 그 영화나 그 영화와 관련된 사람을 연결시킬 수 있는 이름이 없기 때문이다. 영화제목은 그 영화의 내용과 관련되어 있다. 그러나 사람이름으로는 영화 속의 캐릭터를 예측할 수 없다.

이름은 인위적인 것으로, 그런 의미에서 이름은 의미가 없다. 그런 이유로 이름을 기억하기가 그렇게도 어렵다. 어떤 사람의 이름은 로버트도 될 수 있고 존도 될 수 있다. 왜냐하면, 사람의 이름과 얼굴, 직업, 고향과 같은 것은 그 속에 어떤 내재된 연결도 없기 때문에, 이름은 다른 것을 회상하는 어떤 단서도 제공하지 않는다. 원래부터 의미가 없고 인위적인 것은 기억하기가 어렵다.

이름을 기억하는 것은 나이가 몇 살이든 어렵지만, 나이가 많아질수록 이름을 기억하는 것은 점점 더 어려워진다. 50세가 넘은 사람이 친숙한 이름을 생각할 수 없을 때, "아니, 내가 치매인가?"라고 생각할 수 있다. 절대 그렇지는 않다. 그것은 단지 노화의 정상적인 결과다.

나이가 몇 살이든, 어떤 사람들은 여전히 다른 사람들보다 사람의 이름을 잘 기억한다. 그리고 그들이 이름에 의미를 부여하기 위해서 쓰는 테크닉을 어떤 사람도 사용할 수 있다. 이 테크닉은 기억의 중요한 특징 두 가지를 이용한다. 어떤 것을 기억하기 위해서 그것을 반복해서 말하고 그것을 의미있게 만들라.

예를 들면, 자신이 만나는 모든 사람들을 기억하는 것처럼 보이는 정치가들을 보자. 그들은 사람의 이름을 기억하는 데 탁월한 재능을 천부적으로 타고났는가? 그렇지는 않다. 그들은 사람의 이름을 알고 기억하는 데 노력을 많이 들인다. 왜냐하면, 그들의 성공여부는 그것에 달려있기 때문이다. 정치후보자가 방에서 일하는 것을 지켜 보라. 그 후보자는 유권자들을 눈으로 보거나, 소개받을 때마다 그 유권자의 이름을 반복하고 그 이름에 대해 한마디 한다.("카첸넬렌보겐? 재미있는 이름이군요.

그 이름의 의미는 독일어로 '고양이의 발꿈치' 라는 의미죠? 저는 한때 데 무엥에 있을 때 당신과 같은 이름을 가진 사람을 알았어요. 혹시 그 사람과 친척은 아닌지요?") 그리고 그 사람과 대화를 나눌 때 가능한 한 그 사람 이름을 여러 번 반복해서 말한다. 그러나 우습게 들리지 않을 정도로만 반복한다. 그 유권자의 취미, 그리고 어릴 때에 대해서 질문하면서 계속 이름을 반복해서 사용한다. 이렇게 하면 개개의 유권자들에게 좋은 기분을 느끼게 할 뿐 아니라, 이런 테크닉을 쓰면 후보자가 그 사람들의 이름을 잘 기억할 수 있게 된다. 그렇게 되면 그들을 다시 만날 때 개인적으로 아는 듯이 인사할 수 있게 된다(만약 모든 것이 제대로 잘 된다면, 그 유권자는 그 후보자의 이름을 기억할 것이다. 이름을 기억하는 것은 선출되는 데 핵심이다).

정치인처럼 사무실을 운영하지 않는 우리들에게도 사람의 이름을 기억하는 것은 중요할 수 있다. 사람들은 당신이 자신의 이름을 기억하지 못하면 마치 당신이 그들을 잊은 것처럼 느낀다. 마치 자신의 이름과 그 자신이 동일한 것처럼 생각한다. 그들은 그런 사실을 개인적인 감정을 가지고 느끼고, 그렇게 되면 당신은 당황하게 될 것이다. 만약 당신이 그들의 이름을 기억한다면, 그들에게는 우쭐한 기분이 들게 하고 그들은 당신을 더 좋아하게 될 것이다. 그것이 인간의 본성이다.

사람의 이름을 기억하는 첫번째 단계는, 우선 그 이름에 주의를 기울이고 그 이름에 의미를 주는 방법을 찾는 것이다. 당신이 누군가에게 소개된다면 그 사람의 이름에 주의를 기울이고 그 이름을 가능한 한 자주 소리내어 말해본다. 우습게 들리지 않을 정도로 자주 말해본다. 그리고 당신이 만난 사람 중에 그와 동일한 이름을 가진 사람이 있다면 그 사람에 대해서 생각하라. 이것은 당신이 그 이름을 머리 속에 확실히 등록하는 방법이다. 그리고 이것은 인위적인 것, 즉 이름을 의미있는 것으로 바꾸는 과정의 시작이다. 당신 자신에 대해서가 아니라 다른 사람에게 초점을 맞추는 그 비결은 당신의 자의식을 감소시키고 안절부절못하는 것도 감소시키는 경향이 있다. 그렇지 않으면 자의식과 안절부절못하는 것은 이름을 기억에 새기는 과정을 방해할 것이다.(『뇌에 투자하라』, '스트레스'(91쪽)를 보라) 그것은 또한 당신이 이름을 알고 있어야 한다고 생각하는 사람을 볼 때 기억하기 좋은 출발점이 된다. 불안은 회상을 방해만 한다. 그러니 이완하라. 그러면 당신은 그 이름을 떠올리기 쉬울 것이다.

이름을 더욱 의미있게 만들고 잘 기억하기 위해서 어떤 재미있거나 특별한 특징을 찾아라. 그러기 위해서 새로 알게 된 그 사람의 얼굴을 조사하라. 그 사람은 머리카락이 듬성듬성 났거나 귀가 길거나 또는 하얀 멋진 큰 이를 가지고 있을 것이다. 그 다음에는, 이것은 좀 도전적인 부분인데 그 이름과 그 특징을 연결시켜라. 만약 당신이 기억하고자 하는 사람의 이름이 앤디이고, 앤디의 머리숱이 적다면 그의 이름을 '샌디'(번역 주 : sandy는 모래 빛 머리털의, 꺼칠꺼칠한 이라는 뜻)로 수정하고, 그의 이마를 모래해변으로, 그의 머리카락을 물이 빠지는 물가로 그려볼 수 있다. 당신이 선택한 특징이 대단히 두드러져서 당신이 그 사람을 만날 때 그것이 그 사람의 이름을 생각나게 하는 단서라는 것을 기억할 수만 있다면, 그것으로 당신은 잘 기억할 것이다. 머리카락이 줄고 있는 그의 머리를 응시해서 앤디를 불편하게 하지 않도록 주의하시기 바란다. 그리고 그를 부를 때 실수로 샌디라고 부르지 않도록 한다.

당신이 사용하는 전략에 어떤 정서적(감정이 들어가는) 내용을 첨가하면 그것 또한 좋다. 왜냐하면, 정서는 어떤 것을 더욱 잘 기억할 수 있게 만들기 때문이다.(『뇌에 투자하라』, '쉬운 방법으로 학습하기'(33쪽)를 보라) 만약 존 트라볼타가 토요일 밤의 열기에서 당신에게 매력적으로 보이지 않았다면 당신은 그의 성을 리볼팅(revolting; 구역질나는)으로 바꿀 수 있다. 때때로 당신은 프로이드가 잘 알고 있었던 것처럼 이것을 무의식적으로도 할 수 있다.

"무의식이 말의 실수에서 하는 역할에 대한 프로이드 이론의 문제는 testicle(번역주: 고환)할 수 없다는 데 있어. 아이쿠, 그게 아니고 검증할 수testable 없다는 데 있어."

그보다 더 간단하고 덜 위험한 비결로는 당신이 알고 있는 동일한 이름을 가진 사람을 생각해 본다. 앞에서 예를 든 그 정치후보자가 데 무엥에 있는 카첸넬렌보

겐이라는 또 다른 사람을 기억했을 때 한 것과 같다. 만약 당신이 기억하고자 하는 이름이 앤디라면 당신이 개인적으로 알고 있는 다른 앤디를 생각하든지 또는 당신이 뉴스, 신문, 영화, 좋아하는 책에서 알고 있는 앤디를 생각하라. 만약 당신이 코미디영화를 좋아한다면 아마 앤디 캅이 그에 해당될 것이다. 일단 새로운 사람을 만나면서 그런 연상을 떠올렸다면 당신은 쉽게 그 이름을 기억하고 놀랄 것이다.

물론, 당신이 그 사람을 자주 만날수록 당신은 그 새 친구의 이름을 잘 회상하기 위해서 기억술을 덜 쓸 것이다. 조만간에 당신은 그 이름에 친숙해져서, 동일한 이름을 가진 새로운 사람을 만날 때 참조기준으로 사용하게 될 것이다. 결국 당신은, 당신 앞에 머리카락이 많은 사람을 쳐다보면서 "참 재미있네요. 당신은 앤디처럼 보이지 않네요."라고 말할 지도 모른다.

왜 이름보다 얼굴을 기억하기가 더 쉬운가?

우리 모두, 우리 이름을 부르면서 반기는 어떤 사람의 이름을 잊어버려 당황했던 경험이 있을 것이다. “기분 나빠하지 마셔요.”, “저는 당신 얼굴은 알고 있어요. 제가 사람 이름을 잘 기억하지 못해서 그래요.”라고 말할 것이다.

사실, 거의 모든 사람들이 이름보다 얼굴을 더 잘 기억한다. 얼굴을 보고 이름을 알아 맞추는 것이 단순한 기술같이 보이지만, 우리는 그 과제의 두 가지 부분을 하기 위해서 우리의 양쪽 뇌를 다 사용한다. 얼굴을 알아보는 것은 오른쪽 뇌의 기술이고, 반면 왼쪽 뇌는 얼굴에 이름을 연결시키는 일을 맡는다. 오른쪽 뇌가 손상된 사람은 친숙한 얼굴을 알아볼 수 없다. 심지어 동일한 얼굴을 찍은 두 개의 다른 사진을 보면서 같은 얼굴이라는 것도 알 수 없다. 왼쪽 뇌가 손상되면 얼굴을 보고 그 이름을 생각할 수 없다. 비록 그 얼굴을 너무나 잘 알고 있어도 그렇다.

왼쪽 뇌에 의존하는 다른 많은 언어기술처럼 이름을 기억하는 것에는 의식적인 노력이 필요하다. 오른쪽 뇌에 달려 있는 많은 기술처럼 얼굴을 알아보는 것은 선천적인 것처럼 보인다. 그것은 노력이 거의 필요하지 않은 재능이다. 그리고 너무나 잘 그렇게 하기 때문에 성인들은 그것을 당연한 것으로 여기는 경향이 있다.

얼굴을 알아보는 것은 아동기 때 점차적으로 발달하는 기술이다. 7세가 되지 않은 어린이들은 얼굴을 기억하고 알아보기 위해서 주로 특별한 특징을 처리하는 단편적인 전략에 의존한다. 그 때문에 어린이들을 속이기 쉽다. 안경과 같이 단순한 것도 친숙한 얼굴을 잘 모르는 사람 얼굴로 만들고, 잘 모르는 사람이 잘 알고 있는 사람과 같은 안경을 쓰고 있으면 친숙한 사람처럼 보이게 된다.

10세 정도가 되면 어린이들은 단순히 개개 특징보다는 얼굴 요소들의 특징 간에 있는 공간관계를 분석하는 형태전략(configura-tional strategy)을 발달시킨다.

6세 어린이는 단지 눈, 코, 입, 귀만 보는데, 10세 어린이는 얼굴의 전체형태를 본다.

당신이 당연하게 여기는 대부분의 기술처럼, 당신이 전체형태로 얼굴을 처리하는 기술을 잃게 되면 그때에는 그것을 감사하게 여기게 된다. 우리는 여기에서 뇌손상을 말하고 있는 것은 아니다. 대부분의 사람들은 얼굴을 전체형태로 알고 분석하는 성인의 능력이, 그 얼굴을 볼 때 정상적인 방향에서 보는 데 달려있다는 사실을 알고는 놀란다. 즉, 머리가 위로 가게 볼 때 잘 알아본다. 친숙한 얼굴이라도 그것을 아래위로 뒤집어 놓으면 알아보기가 훨씬 어렵다. 그뿐 아니라 이상하게 왜곡된 얼굴이라도 그것을 아래위를 바꾸어 놓으면 완전히 정상으로 보인다. 왜 그럴까? 우리에게 익숙하지 않은 방향으로 얼굴을 볼 때 우리는 더 이상 얼굴을 전체의 형태로 분석할 수 없다. 그때에는 사실이지 우리는 특정한 특징에만 주의를 두는 6세 아동과 같은 전략에 의존하게 된다.

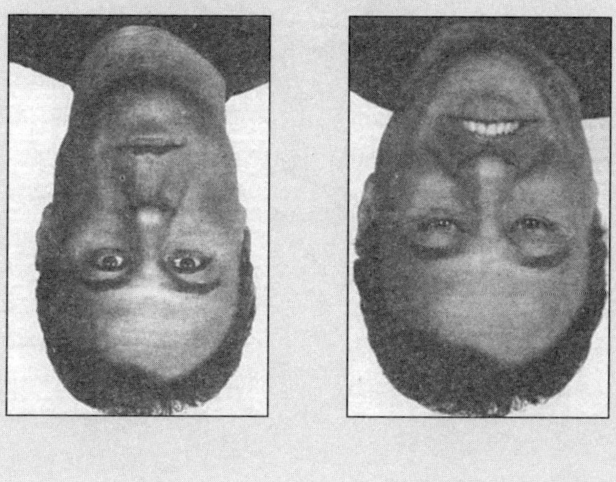

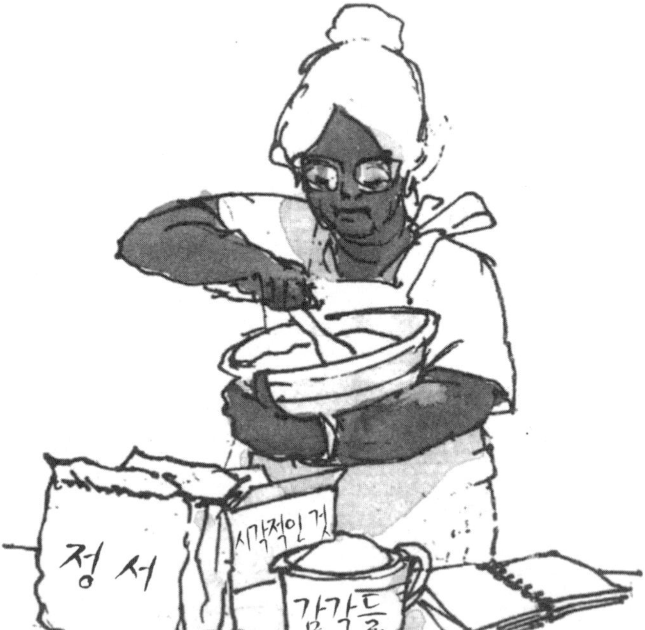
정 서
시각적인 것
감각들

기억 만들기

불완전한 기억을 피해 가는 테크닉

단순한 기억력은 나이가 들면서 감소한다. 그리고 정신적인 운동을 한다고 해서 이 과정을 막거나 역전시킬 수는 없을 것이다. 객관적인 기억검사는 건강한 정상적인 노인들의 정보처리 속도나 협응, 그리고 정보를 인출하는 것이 감소한다는 것을 반복해서 나타내고 있다. 그렇다고 나이든 사람들이 계속해서 이름을 잊어버리고 자신의 안경을 잃고, 중요한 약속들을 잊어버린다고 몰아붙이는 것은 아니다. 그것보다 늙어서라도 조직화하는 단순한 기법들을 알면 기억력이 감소하는 것을 보충할 수 있다는 것을 강조하는 것이다.

정신적인 연습은 돕기는 하지만 한계가 있다

새로운 기술을 학습하고 새로운 지식을 습득하는 것은 새로이 만든 뇌세포를 연결하도록 돕고 학습과 기억에서 중요한 역할을 하는 뇌부위인 해마가 좋은 상태로 유지되도록 도와줄 것이다.('뇌세포를 다시 만들기' (155쪽)를 보라) 어떤 기술을 연습하면 담당하는 뇌부위에 그것을 새기는 것을 도울 것이다. 어떤 특정한 정보에 주의를 집중하고 그리고 반복하면 그 정보를 장기기억에 넣게 된다.(『뇌에 투자하라』, '주의 집중하기' (23쪽)를 보라) 그러나 당신이 아무렇게나 된 숫자를 아무리 열심히 기억하려고 하더라도 당신의 기억한계는 7개 정도일 것이다. 연습한다고 하더라도 이와 같은 임의적인 정보를 기억하는 능력을 증가시키지는 못할 것이다.

인위적인 사실과 자세한 것에 의미를 부여하기 위해서 고안된 기억술은 기억을 마치 근육인 것처럼 만들려고 노력하는 것보다 훨씬 더 효과적이다. 어떤 면에서 그것은 피아노를 무식하게 힘만으로 운반하려고 하기보다는 작은 바퀴가 달린 낮은 도구를 사용해서 운반하는 것과 같다.

기억을 유지하기 위해서는 젊은이에게서 배우고 자신에게 맞게 하라

좋은 기법을 사용하면 나이와는 상관없이 실질적으로 기억을 증진시킬 수 있다. 특히 기본적인 기억력이 나이로 감퇴할 때는 도움이 된다. 여러 연구에 의하면 나이에 상관없이 전화번호 같은 것을 기억하기 위하여 기억술을 사용하는 사람들은 실제로 기억을 잘 한다는 것을 나타내고 있다. 나이든 사람들은 대학생 정도의 젊은 성인들보다 기억전략을 적게 사용하는 경향이 있다.

그렇다면 나이든 사람들이 사용할 수 있는 기억전략에는 어떤 종류가 있을까? 가장 단순한 것으로는 수첩을 가지고 다니면서 약속을 기입하는 것, 상기시키는 메모를 하는 것, 해야 할 것에 대해 목록을 만들어 적는 것, 날마다 미리 계획을 짜는 것, 기억해야 하는 물건을 눈에 띄는 장소에 두는 전략들이 있다.

계획을 짜려면 계획할 활동에 주의해야 한다. 그리고 세부적인 것을 조직화하는 것은 그런 것에 의미를 두는 한 가지 방법이다. 훌륭한 학생들이 가진 대부분의 습관은, 메모를 한다든지, 공부하는 과목의 자료에서 중요한 주제를 확인하는 것과 같은 것으로, 이 또한 본질적으로 조직화하는 것이다. 이런 계획짜기와 조직화하는 기법들은 불완전한 기억에 있는 짐을 가벼워지도록 도와준다. 그런 계획짜기와 조직화 테크닉이 자동적이고 습관적으로 되면 실제적으로 기억이 좋아진다.

나이든 성인들에게 잘 작용한다고 증명된 화려한 테크닉을 시도해 보라

대부분의 기억술은—숫자를 기억하기 쉬운 단어로 전환시키는 것과 같이 의식적으로 배우는 기억술도 — 자료를 기억하기 쉬운 방법으로 조직화한다. 어떤 테크닉은 특히 나이든 사람들에게 잘 맞다. 예를 들면, 다음에 나오는 기법에서는 시각적으로 두드러진 단서를 지각하는 것이 나이가 들더라도 쇠퇴하지 않는다는 사실을 이용한다. 시각자극을 탐지하고 처리하는 뇌부위는 대부분의 경우 80세에서도 50년 전처럼 훌륭하게 작용한다.

우리들 모두, 칸이 있는 플라스틱 접시를 본 적이 있다. 그런 것은 값싸고 슈퍼마켓이나 시장에 가면 흔하게 볼 수 있는 것이다. 그리고 그런 접시는 여러 가지 화려한 색깔로 되어 있다. 가장 화려하고 보기에 가장 못생긴 것, 그리고 당신 집의 장식과 가장 조화를 이루지 않는 것을 골라라. 그 접시를 부엌이나 거실과 같은 당신이 날마다 밥을 먹는 장소에, 그 중에서도 두드러진 위치에 두어라. 당신이 잘 잊어버리는 물건들, 예를 들면 열쇠, 안경, 청구서, 약을 그 접시 위에 두어라. 당신은 약속이 있을 때마다, 어떤 일을 해야 할 때, 즉 친구와 저녁을 먹는다는 약속, 당신 딸이 휴가 갔을 때 딸의 고양이에게

먹이를 주는 일을 노란 접착식 메모지에 적어서 그 메모를 그 접시의 가장자리에 붙여 두라.

이런 기법의 효율성을 검사한 한 실험에서, 나이 든 사람의 집단에서 '잊어버리는 경우'의 수가 급격하게 감소하여 일주일 평균 8번에서 3번으로 감소했다. 접시기법은 주머니크기의 수첩을 사용하여 약속이나 쉽게 잊는 물건을 생각나게 하는 방법보다 훨씬 더 효과적이었다. 이 기법은, 활동을 조직화하고 물건을 항상 같은 장소에 두는, 보통 쓰는 기억술의 이점에 더해서 어떤 종류의 기억은 나이가 들면서 약해지지만, 시각적으로 두드러진 단서를 지각하는 것은 그렇지 않다는 사실을 이용했다. 그 접시가 시각적으로 너무나 두드러지기 때문에 그것은 물건의 위치, 시간, 장소, 그리고 물건의 성질을 상기시키는 물건으로 변치 않게 작용했다.

배우들은 어떻게 그렇게 많은 대사를 그렇게도 빨리 기억할 수 있나?

우리들 대부분은 고등학교 연례연극에서 연극해 본 이래로 2시간짜리 교재를 기억해 본 적이 없다. 그렇지만 어떤 사람들은, 성인기 내내 그런 종류의 기억을 규칙적으로 해야 하는 사람들이 있다. 전형적으로 그 사람들은 2시간짜리 분량의 대사를 기억하기 위해서 2, 3주밖에 시간을 낼 수 없다. 그리고 그들은 청중들 앞에서 당황하지 않을 정도로 충분히 잘 기억해야 한다. 그들은 어떻게 그렇게 잘 할 수 있는가?

전문적인 배우들은 대사를 적혀 있는 그대로 기억하지 않는다. 그들이 대본을 읽고 또 읽으면서 하는 것은, 그 대본의 대사 뒤에 있는 태도, 정서, 동기를 추론하면서 그 등장인물의 마음속에 들어가는 것이다. 기억해야 할 자료에 이와 같이 적극적으로 의미를 부여하는 것은 정교화라는 과정이다. 이 과정으로 더 쉽게 기억할 수 있다. 그 배우들이 대본의 글을 가장 의미있게 만들어서 몇 번 그 대본을 반복하고 나면, 정확히 대본에 적힌 그대로 기억하려고 노력할 필요가 없게 된다.

64 뇌를 점검하라

스트레스가 기분과 건강에 미치는 영향

기분이 어떻게 당신의 뇌와 신체에 영향을 미치는가

역사적으로 서구의학은 신체부분을 전체에서 잘라내고 그것을 분리하여 연구하면서 발달되었다.(과학(science)이라는 단어는 가위(scissors)와 동일한 어원을 가지고 있다. 그 둘이 공유하고 있는 의미는 무엇을 잘라 조각내는 것이다)

오늘날 과학자들은 발견의 최첨단에 서서 부분들 간의 상호작용에 초점을 맞추고 있다. 예를 들면, 기분과 면역계는 최근까지 완전히 분리된 실체로 간주되어 오다가 이제는 더 큰 시스템 속에서 상호작용하는 부분들로 인식되고 있다. 그래서 이제는 그 사실을 인정하면서 심리신경면역학psychoneuroimmunology이라는 새로운 의학계의 한 분야가 나타나게 되었다. 기분과 기억과 같은 지적능력 간에 어떤 연결이 있다는 것이 이제 분명하게 되었다.

기분이 어떻게 면역계에 영향을 미치나

건강관련 업종에 종사하는 사람들은 오래 전부터 낙관적인 태도는 환자가 질병에서 회복하는 것을 돕는다는 사실을 인정해왔다. 최근 연구는 그 관찰을 확인했다. 예를 들면, H. I. V.에 양성반응을 보이는 남성들에 대한 연구는 낙관주의가 그 후 그 증상이 개시되는 것, 그리고 그 사람이 얼마나 더 오래 생존하는가와 관련되어 있다는 것을 나타내고 있다.

낙관주의와 질병에 대한 저항 간에 있는 이 관계를 무엇이 설명하나? 낙관주의자는 실제적인 수준에서 아마도 의사의 지시를 따를 때 더욱 적극적인 역할을 하여 질병에 더 잘 대처할 것이다. 그러나 기분은 면연계에 더욱 직접적인 효과를 지니고 있다. 다양한 연구에서 낙관적인 태도는 (자연살세포(natural killer; NK)와 T-세포와 같은) 임파구 면역세포가 혈액 내에 있는 수준과 상관이 있었다. 우울은 그런 세포들의 수준이 낮은 것과 관련되었다. 우울은 신체를 염증과 질병에 더욱 취약하게 만든다.

스트레스는 면역계에 영향을 미치는 또 다른 심리상태이다. 스트레스가 높은 우리 사회에서 스트레스, 그리고 감기와 같은 바이러스 감염에 취약한 것들 간의 관련은 널리 인식되고 있다. 예를 들면, 감기나 유행성감기는 시험기간에 학생들 사이에서 증가한다. 왜 그런가? 그 대답은 혈액에서 찾을 수 있다. 의대생들은 스트레스가 적을 때보다 시험기간동안 임파구 면역계세포의 수준이 더 낮았다. 그러나 모든 학생들이 똑같이 감염되지는 않는다. 낙관주의 점수에서 높은 점수를 받은 1학년 법대생에게서는 임파구수가 계속 많았다.

자신의 생에 대해 긍정적인 조망을 가지는 것은 나이든 사람이 연령과 연관된 면역계약화를 극복하는데 도움을 줄 수 있다. 응집성감각(sense of coherence; SOC)—즉, 자신의 환경을 다룰 수 있고, 통제할 수 있다는 자신감과 환경의 의미를 느끼는 감각 — 이 강한 노인은 더 건강하였고 동일한 나이를 먹은 다른 사람들보다도 자연살세포 활동이 활발했다. 최근에 한 연구에서 30명의 건강한 노인에게 새로운 주거장소로 옮기게 하고 응집성감각을 측정했다. 어떤 사람에게는 이사하는 것이 스트레스를 줄 수 있지만 응집성감각 점수가 높은 사람들에게서는 면역계세포의 수가 제일 적게 감소했다.

우울과 스트레스는 학습과 기억에 영향을 준다

우울증상들은 알츠하이머 병이나 다른 치매와 비슷한 점이 있다. 부주의함, 혼미, 망각, 그리고 정신적으로 태만한 것이 공통된 증상들이다. 그런 이유로, 건강관련 전문가가 알츠하이머 병을 진단할 때 첫번째로 할 일은, 우울이 그 증상의 원인인가를 결정하는 것이다. 만약 그렇다면 그 때 나타난 인지결함은 생활 스타일의 변화나 약으로 치료될 수 있을 것이다.

그러나 우울과 치매 간 관계는 단순히 비슷하기보다 더욱 복잡하다. 어떤 뇌주사 연구들은 임상적인 우울증을 겪는 사람 또는 외상 후 스트레스 장애와 같은 스트레스 질환을 겪는 사람들에게서 기억에서 중요한 역할을 하는 해마라는 뇌부위가 정상적인 해마보다 작다는 것을 밝혀내었다. 또한 연구에서는 우울의 결과로 전전두엽이 어느 정도 위축된다는 증거를 제시하고 있다. 전전두엽은 정서를 담당하는 뇌구조물들과 연결되어 있으면서 문제해결에 일차적인 뇌영역이다. 다른 말로 표현하면, 알츠하이머 병뿐 아니라 스트레스와 우울도 뇌세포의 수상돌기를 파괴시키고 심지어는 뇌세포까지 죽이면서 학습과 기억에 관련된 뇌의 부위들을 위축시키는 파괴력을 지니고 있는 것으로 보인다. 최근에 연구자들은 우울과 스트레스는 둘다 해마에서 신경재생—뇌세포의 재보충—을 방해하는 파괴력도 가지고 있다는 사실을 발견했다('뇌세포를 다시 만들기' (155쪽)를 보라).

스트레스가 신체와 뇌를 어떻게 공격하는가

스트레스가 면역계와 인지에 해로운 영향을 줄 때 그 첫번째 주범은 글루코코티코이드glucocorticoids라고 불리는 스트레스 호르몬이다.(『뇌에 투자하라』, '스트레스'(91쪽)를 보라) 많지 않은 양이 단기간 동안만에 나온다면 스트레스 호르몬은 유용하다. 신체적으로 힘을 써야 할 때 글루코코티코이드는 (에피네프린, 즉 아드레날린을 포함한 신경전달 물질의 한 가지 유형인) 카테콜라민catecholamines과 함께 작용하면서, 신체와 뇌를 위해서 비축된 에너지를 사용하고 다시 채운다. 그들 모두 함께 작용하여 스트레스 반응을 일으킨 예기치 않았던 사건에 대해 뇌가 즉각적인 기억을 형성하도록 돕는다. 그리고 그 호르몬들은 염증과 싸울 때 필요한 신체부위로 면역계세포를 옮기도록 돕는다. 이런 것은 야생의 삶에서 적응하는 데 유용하다. 이는 포식자를 만났을 때 에너지를 단번에 내고 그 다음에 그 포식자가 나타나면 멀리에서도 그것을 위협적인 사건으로 상기하도록 기억에 새겨놓는다. 그리고는 상처에 대한 응급치료를 한다.

다른 것처럼 스트레스 호르몬도 적절한 양일 때만 좋다. 길게 보면 글루코코티코이드의 높은 수준은 신체와 뇌에 해롭다. 만성적인 스트레스는 만성적으로 호르몬 수준을 높이면서, 젊은 사람의 뇌와 면역계에도 변화를 가져올 수 있다. 그런 변화는 나이든 사람들에게서 나타나는 것과 비슷하다.

나이들면서 스트레스와 우울 관리하기

스트레스 호르몬 수준은 나이가 많아지면서 증가하는 경향이 있다. 그리고 나이가 많은 사람들의 신체에서는 스트레스 반응이 더 느리게 나타나고 그것을 중단시키는 데도 덜 효율적이다. 그러므로 특히 나이가 들면 스트레스 수준을 관리하는 것이 더 중요하다.

스트레스는 신체운동과 같은 건강한 생활 스타일로 관리할 수 있다. 이는 독립적으로 신경재생을 도와

준다. 사회적 상황에서 불안을 많이 보이고 자존감이 빈번히 낮은 사람들, 선천적으로 반응적인reactive 사람들에게 인지치료와 항우울제가 효과적인 것으로 보인다. 그 이외에도 항우울제는 해마에서 새로운 뇌세포의 성장을 촉진시킨다.(‘뇌세포를 다시 만들기’(155쪽)를 보라) 에스트로겐estrogen이라는 호르몬도 스트레스로 인해서 해마가 위축되는 것을 보호하는 역할을 한다. 여성들, 특히 반응적인 기질을 가진 여성들은 폐경 이후에 에스트로겐 치료를 고려해 볼 수 있다.

여성들은 스트레스에 반응하는 건강한 방법에 대해 무엇을 알고 있는가

인간 스트레스 반응의 기본적인 생리는 남성과 여성에게 동일하다.(『뇌에 투자하라』, '스트레스' (91쪽)를 보라) 스트레스는 교감신경계를 자극하여 스트레스 호르몬인 코티졸(cortisol)과 아드레날린(adrenaline)을 분비하게 한다. 그러면서 여분의 혈액이 뇌, 근육, 심장으로 흘러가고 혈당량은 높아진다. 뇌는 있을 수 있는 위협사태에 정신을 과도하게 바짝 차리고 신체는 열심히 싸우거나 빨리 도망갈 준비상태로 들어간다.

그렇지만 어떤 면에서는 남성과 여성이 위협적인 것과 스트레스에 대해 다르게 반응하는 것으로 보인다. L. A. 소재 캘리포니아 주립대학(UCLA)에 있는 연구자들에 의하면, 싸우거나 도망가는 것(fight - flight)은 스트레스에 대한 남성반응의 특성인 반면, 여성은 전형적으로 배려하고 친구가 되는 tend-and -befriend 반응을 특징적으로 보인다. 그리고 남성들은 스트레스를 받으면 다른 사람들에게서 떨어지는 경향이 있는데, 여성들은 도움을 받기 위해서 친척이나 친구에게로 더욱 더 다가가는 경향이 있다. 그리고 여성들은 스트레스

를 받을 때 사회적인 지지를 다시 모으는 데 더 능숙한 경향이 있다. 여성들은 사회적인 지지를 추구함으로써, 처음에 스트레스를 일으켰던 문제를 해결할 기회가 증가된다. 배려하고 친구가 되는 반응은 여성들의 수명이 긴 데 한몫 할 것이다.

배려하고 친구가 되는 여성들의 스트레스 반응은 문화를 초월하고 심지어 다른 종의 암컷들에서도 나타난다. 그것은 낮은 사회적 지위에서 볼 때, 그리고 어린이를 키우는 짐을 지고 있는 점에서 볼 때 적응적인 반응일 것이다.

위협적인 상황에서는 옥시토신(oxytocin)뿐 아니라 코티졸이나 아드레날린과 같은 스트레스 호르몬이 방출된다. 옥시토신은 코티졸 수준을 낮추고 싸우거나 도망가는 반응을 줄이고 이완시킨다. 이 호르몬은 또한 털 가다듬기, 엄마-유아 유대와 같은 친화적(affiliative) 행동도 촉진시키는 것으로 나타났다.

남성과 여성, 둘다 스트레스에 대해 옥시토신을 방출하지만 인간이 아닌 다른 종에서 암컷이 수컷보다 옥시토신을 더 많이 방출한다. 옥시토신은 여성 호르몬인 에스트로겐에 의해서 조절되고 테스토스테론과 같은 남성 호르몬에 의해서 억제된다. 그래서 우리 종에 있어서도 여성은 남성보다 옥시토신을 더 많이 생산할 것이다.

남성과 여성이라는 성 간에 있는 생물학적인 차이를 연구하는 연구자들은 종종 생물학이 행동에 영향을 미치듯이, 행동 또한 생물학에 영향을 미친다는 점을 지적한다. 비록 생물학적 차이가 남녀 간에 있는 스트레스 대처방법에 차이를 만드는 핵심이지만, 그런 차이는 아마도 사회적 조건화에 의해서 유지되고 촉진될 것이다.

위협에 대한 남성-여성 반응차이는 아마도 자연선택의 결과이며, 그런 반응은 두 성 모두에게 유리했을 것이다. 그러나 진화로 남성과 여성의 자율신경계 반응이 다른 방향으로 가게 된 이래로 상황은 변했다. 여성이나 암컷이 스트레스에 대해서 더 강한 옥시토신 반응, 그래서 배려하고 친구가 되는 반응만 하는 것이 아니다. 그들이 털을 다듬고 접촉하는 행동은 다시 옥시토신 수준을 높이고 코티졸 수준을 낮춘다. 그래서 스트레스를 더욱 감소시킨다.

남성이나 수컷들 중에서도 친화적인 신체접촉이 스트레스 수준을 낮추는 것으로 보인다. 반면 사회적 고립은 두 성 모두에서 우울을 일으키고 처음에 스트레스를 야기한 문제를 해결하기 더욱 어렵게 만들 수 있다.

스트레스 자체가 신체의 방어 시스템을 손상시키고, 뇌가 학습하고 문제를 해결하는 능력을 감소시키면서 생명을 위협할 수 있는 이 기간에 남성들도 여성들이 자연적으로 하는 것과 같은 스트레스 반응을 배워서 혜택을 얻을 수 있을 것이다.

유머 치료

웃음이 대단히 중요하게 될 때

정직하고 유쾌한 웃음은 기분을 좋게 만든다. 그런 웃음은 긴장을 완화시키고, 스트레스를 낮추고, 우울을 없앤다. 의사들은 웃음학gelotology이라는 새로운 의학분야를 만들 정도로 웃음을 진지하게 생각하고 있다. 유머와 웃음은 많은 방법으로 치료효과가 있다. 아마도 웃음학자들gelotologist이 알고 있는 것보다도 더 많은 방법으로 효과가 있을 것이다. 그리고 당신은 유머와 웃음에서 혜택을 얻기 위해서 의사의 처방을 받을 필요는 없다.

웃음은 폐에서 신선하지 않은 공기가 빠져나가는 것을 돕고 혈액 내에 있는 산소의 수준을 높인다. 그것은 신체 전체를 통해서 면역세포의 움직임을 촉진시킨다. 그것은 각성과 기억을 돕는 뇌신경 전달물질인 도파민, 에피네프린, 그리고 노에피네프린의 생성을 증가시킨다. 유머의 스트레스 완화 효과는, 스트레스가 기억 중추인 해마에 있는 뉴런의 재생에 대해 미치는 나쁜 효과('뇌세포를 다시 만들기'(155쪽)를 보라)를 상쇄시킴으로써 학습과 기억을 증진시킬 수 있다.

유머 감각을 잃는 것은 웃을 일이 아니다

유머 감각이 손상되는 것은 실제로 뇌손상의 증세일 수 있다. 오른쪽 뇌반구가 손상된 사람들은 치고 받는 단순한 희극 같은 것은 이해할 수 있어도, 말로 하는 농담은 종종 이해하지 못한다. 그것은 여러 가지 종류의 유머는 뇌의 다른 부위에 있는 다른 종류의 인지과정과 관련되기 때문인 것으로 보인다. 그리고 그런 영역 중 하나가 손상되면서도 다른 부위는 온전하게 남아 있을 수 있다.

뇌영상 연구에 의하면, 언어로 하는 미묘한 농담을 이해하기 위해서는 뇌의 전두엽과 오른쪽 대뇌반구가 적절히 작용해야 한다. 그렇지 않으면 다른 사람에게는 우스운 것이 그 부위가 손상된 사람에게는 엉터리 같은 부조화, 불합리한 추론, 재미없고 요점이 없는 이야기나 명백한 거짓말로 들린다.

그루코 막스Groucho Marx의 농담을 생각해 보자. 그루코는 대양여객선을 타고 있었다. 그리고 거기에 있는 한 직원이 그루코가 가방을 옮기는 것을 돕고 있었다. 그루코는 그 직원에게 물었다. "죄송하지만 100달러 지폐를 1달러나 5달러 또는 10달러 지폐로 바꿔줄 수 있습니까?" 그 직원은 정직하게 그렇게 할 수 있다고 대답했다. 그때 그루코는 다음과 같이 말한다. "오, 그래요. 그렇다면 당신은 제가 팁으로 주려고 했던 25센트는 필요 없으시겠어요."

만약 당신이 그 농담을 듣고도 웃습다고 생각하지 않는다고 당신의 뇌가 손상되었다는 것을 의미하지는 않는다. 그러나 당신은 '유머' 뇌중추에 손상을 입은 사람이 어떻게 생각할 수 있는가를 상상할 수는 있을 것이다. 그 말을 액면 그대로 받아들인다면 그루코와 그 직원 간에 한 대화는 보통의 이야기에 지나지 않는다. 결국 그 직원이 1달러, 5달러, 10달러 지폐로 약 100달러 정도를 이미 가지고 있다면 그는 25센트 팁에는 큰 관심이 없을 것이라는 것은 말이 된다. 그런데 유머는 그 직원이 기대하는 것과 그루코가 마음으로 생각하고 있는 것 간에 있는 차이에서 생긴다. 그런 것을 연구하는 사람들은

(사실 유머 전문가도 있고, 유머에 대한 진지한 학술잡지도 있다) 유머에는 종종 어떤 종류의 부조화가 있다고 말한다.

왜 오른쪽 뇌가 손상된 환자는 익살맞은 활극을 보는 데는 문제가 없는데 위와 같은 농담은 받아들이지 못하는가? 언어능력의 어떤 측면은 오른쪽 측두엽에 달려있다. 왼쪽 대뇌반구의 언어중추 바로 반대편에 있는 오른쪽 대뇌반구는 병렬처리, 큰 그림으로 보는 사고에 탁월하고, 반면 왼쪽 뇌는 직렬처리와 더욱 직선적으로 하는 논리에 탁월한 것으로 보인다.

정보처리 양식의 이러한 차이가 아마도 오른쪽 대뇌반구 환자의 유머 결함을 설명할 것이다. 그런 사람들에게는 마음속에 동시에 여러 가지 의미, 즉 해석을 간직하는 능력에 결함이 있을 것이다. 이 능력에는 그루코가 여객선의 직원과 한 대화를 유머러스하게 만들고, 익살을 알아내고 즐기는 데 꼭 있어야 하는 의미의 병렬이 포함된다.

여러 가지 해석을 마음속에 간직하는 능력은, 매일매일 부딪치는 많은 과제에 사용하는 작업기억, 온라인 기억 시스템에 달려있는 기술이다. 작업기억은 구조적으로 애매한, 다음과 같은 구문의 의미를 처리하고 파악하는 것을 돕는다. "The horse raced past the barn fell." 이 문장을 이해하려면 처음에는 예상하지 않았던 해석을 하면서 다시 분석할 필요가 있다.(『뇌에 투자하라』, '방심함' (81쪽)을 보라) 또한 '농담을 받아들이는 것' 은 종종 급소를 찌르는 문구를 들으면서 처음에 했던 해석을 수정할 필요가 있다(다음 예를 고려해 보라. 골퍼는 왜 새 바지를 필요로 했는가? 게임을 포기하려고? 아니다. 그가 입고 있는 바지에 구멍이 났기 때문에 새 바지가 필요했다).

작업기억에 기초가 되는 뇌 시스템 중 어떤 것은 자폐증을 가진 사람의 뇌에서 잘 기능하지 않는다. 자폐증인 사람에게는 '마음의 이론' 으로 불리는 것이 결핍된 특징이 있다.(『뇌를 깨워라』, '눈은 알고 있다' (33쪽)를 보라) 그래서 다른 사람의 의도를 판단하거나 다른 사람의 욕구를 기대하는 능력이 부족하다. 결국 그들은 자신의 마음을 다른 사람의 마음에 투사하기가 어렵고, 또 다른 사람의 견지에서 사물을 보기도 어렵다. 자폐증인 사람은 거짓말을 잘 하지 못한다. 왜냐하면, 남을 속이기 위해서는 다른 사람이 무엇을 알고 있고 무엇을 모르는가를 분명히 이해할 필요가 있기 때문이다.

자폐증이 있는 사람은 또한 농담을 이해하기 어렵다. 종종 다른 사람에게는 우스운 익살이 그들에게는 거짓말로 들릴 수 있다. 왜냐하면 그들은 말하는 사람이 속일 의도를 가지고 있는지, 남을 즐겁게 하려고 하는지 모르기 때문이다. '마음의 이론' 이 아직 성숙하지 못한 6세 이하의 어린이들은 종종 동일한 문제를 겪게 되고, 농담을 들으면서 마음이 혼란해진다.

이해했어요?

유머는 여러 뇌부위에서 담당하는 여러 가지 인지하위 과정에 달려있다. 오른쪽 대뇌가 손상된 어떤 사람은 아래에 있는 농담의 끝 부분에 있는 4개의 선택문장 중에서 유머를 일으키는 핵심문장을 골라내기가 불가능할 것이다. 전전두피질에 손상이 있는 사람 중에는 그것이 실제로는 전혀 우습지 않다고 느끼면서도 우스운 것으로 생각되는 것을 선택할 수 있다.

일요일 오후, 이웃에 사는 한 사람이 스미스 씨에게 무엇을 빌리려고 다가왔다. 그리고 "안녕하세요, 스미스 씨, 오늘 오후 당신 집에서 잔디 깎는 기계를 사용하시렵니까?"라고 물었다.

"예, 그럴려고 해요"라고 스미스씨가 대답했다.

그 이웃 사람이 말하길,

(a) "당신도 아다시피, 그쪽 잔디가 이쪽 잔디보다 더 파랗네요."

(b) "당신이 잔디를 다 깎으면 잔디 깎는 기계를 제가 사용할 수 있어요?"

(c) "그러시군요. 그러면 당신은 오늘 골프클럽이 필요 없겠어요. 제가 그것 좀 빌릴 수 있겠지요?"

(d) "아이고, 내가 충분한 돈만 가지고 있다면 나도 내 것을 살 수 있을 텐데."

뇌에 있는 유머감각의 위치를 찾아내기

농담을 농담이라고 이해하는 것 — 동시에 여러 가지 의미를 보고, 그것이 유머스럽다는 것을 깨닫는 것 — 은 그것이 실제로 우스운 것이라고 느끼는 것과는 동일하지 않다. 최근 뇌영상 연구는 정서반응, 즉 농담을 우스운 것으로 지각하는 것에 중요한 뇌부위, 그리고 주관적으로 우습게 느껴 그것을 종종 정직한 웃음으로 표현하는 것과 관련되는 뇌부위가 오른쪽 전전두피질이라는 증거를 제공했다. 또 다른 연구에서는 그 위치가 약간 더 왼쪽 위치인 전전두피질의 가운데라고 제안했다. 전전두피질이 작업기억 과제에 관련될 뿐 아니라 정서를 처리하는 중요한 뇌부위인 변연계와 강하게 연결되어 있기 때문에 그것은 의미가 있다.

농담을 받아들이는 데에는 많은 뇌부위가 관련된다. 여기에는 오른쪽 대뇌반구의 다른 부위들도 포함된다. 그러나 농담에는 웃음이 결정적 요소이기 때문에 전전두피질이 유머를 처리하는 데 가장 중요한 뇌영역일 것이다.

유머 감각을 계속 유지하기

다행히 우리들 대부분은 심각한 뇌손상을 입지 않으며, 또 우리는 나이가 들어서도 계속 유머감각을 온전하게 유지할 수 있다. 그리고 웃음은 나이가 많은 것의 약점을 균형있게 만드는 데만 도움을 주는 것이 아니다. 웃음은 우울을 격퇴하고 스트레스를 감소시켜, 우리의 뇌와 신체가 나이나 질병으로 인해 파괴되는 것으로부터 보호할 수 있다. 그러니 당신의 위트를 말로 하는 익살, 치고 받는 활극, 단독연기하는 코미디, 신문만화란으로 날카롭게 만들고, 그 농담을 당신의 친구들과 공유하라. 그 친구가 젊든지 나이든 사람이든지 공유하라. 당신의 유머감각은 의사의 처방전이 필요없고 그리고 당신이 살아있는 한 오랫동안 당신에게 배당금을 줄 것이다.

음악 연주하기

나이가 들어가는 뇌에 도움이 되는 취미

음악과 언어, 둘 다 적어도 몇 십만 년 동안 우리 인간종과 함께 있었다. 호모사피언스Homo sapiens가 이 지구에 존재하는 유일한 사람hominid이었던 시기 이전에 네안델타인이 사용한 5만 3천년 된 곰뼈로 만든 피

리가 있다. 음악이 언어보다 선행했을 가능성도 있다.

음악 멜로디에 대한 기억은 인간이 이 세상에 태어날 때 가지고 나오는 것이다. 유아에게 자장가를 억지로 좋아하게 만들려고 할 필요는 없다. 이는 콩과 같은 것이 아니다. 유아는 말을 시작하기 전에 멜로디를 잘 알아듣게 학습할 수 있다. 믿든 믿지 않든, 유아는 음률이 틀리게 연주될 때 이를 알아챌 수 있다.

음악재능은 뇌의 특정한 부위에서 나오는가?

음악은 신체에 있는 여러 시스템을 켜는 힘을 가지고 있다. 음악은 심장박동율, 혈압, 기분, 심지어 IQ 검사수행에도 영향을 미칠 수 있다.(『뇌를 깨워라』, '음악'(125쪽)을 보라) 뇌에 음악을 개별적으로 맡는 단 하나로 된 음악중추는 없다. 아직 분명하지 않은 것은 단지 음악만 전담하는 뇌구조물이 있는가에 관해서이다. 현재 연구는 이제까지 확인된 많은 뇌구조물들이 모두 다른 감각을 처리하고 과제를 분석하는 데에도 또한 사용된다는 것을 밝히고 있다.

예를 들면, 오른쪽 대뇌반구에 있는 청각피질은 (소리가 처리되는 귀근처에 있는 영역) 음의 고저, 멜로디, 하모니, 그리고 리듬을 처리하는 데 사용된다. 그 영역은 또한 말의 리듬과 억양을 듣고 거기에 반응하는 데도 사용된다. 오른쪽 뇌에 뇌졸중을 겪은 환자들은 음악능력을 잃을 뿐만 아니라 말할 때 자기 목소리의 높이와 빠르기를 정상적인 방법으로 조절하는 능력도 잃는다.

음악훈련을 더욱 정교하게 받고, 음악지식이 많은 음악가일수록 더 많이 왼쪽 대뇌반구를 오른쪽 뇌와 함께 협응해서 사용한다는 연구가 발표되었다. 귀근처 뇌표면에 있는 측두덮개planum temporale라는 영역이 여기에 중요한 것으로 보인다. 왼쪽 뇌에 있는 이 영역은 전문적인 음악가의 뇌에서 항상 더 컸다.(절대음을 가진 음악가의 뇌에서 가장 컸다) 그러나 그 영역은 또한 음악이 아닌 시스템의 일부이기도 하다. 그 영역은 언어처리에도 사용된다.

말과 음악에서, 기대하지 않았던 것이 나타나면 그것을 알아차리기 위해서 동일한 뇌영역을 각성시킨다

독일 신경과학자들이 최근에 행한 실험에서, 전혀 음악훈련을 받지 않은 사람들에게서도 뇌의 왼쪽 대뇌반구에 있는 언어영역들이 일련의 화음을 분석하는데 사용된다는 것을 밝히고 있다. 연구자들은 전혀 연주해 본 적도, 악보를 읽은 적도 없는 사람들에게 여러 가지 일련의 화음을 연주해 주었다. 한 가지 음악은 C 메이저의 음조로 된 전통적인 화음으로 구성되어 있었다. 반면 또 다른 음악은 누구라도 음조가 맞지 않다고 지각할 만큼 혼합된 음으로 구성되어 있었다. 음조가 맞는 화음에는 모든 소리를 처리하는 뇌부분이 활동적이었다. 이는 말소리에 대해서 일어나는 것과 똑같은 식으로 일어났다. 화음이 맞지 않는 음표에 대해서는 브로카 영역Broca' s area으로 알려진 왼쪽 대뇌반구에 있는 언어중추가 활동을 많이 했는데, 그와 함께 그에 상응하는 오른쪽 대뇌반구에 있는 영역도 활동을 많이 했다. 이 동일한 영역들, 특히 왼쪽 대뇌반구에 있는 영역은 말에 모순이나 실수가 있는 것처럼 보이는 것을 분석할 때 활동적으로 된다. 그렇기 때문에 중첩되는 동일한 뇌영역들이, 말로 하는 문장이나 음악에 있는 복잡한 패턴을 분간한다. 뇌에서 어느 것이 먼저 진화했고 어느 것이 그 후 거기에 업혔는지는 어느 누구도 추측할 수 없다.

단지 음악에 귀 기울이는 것이 당신의 뇌에 좋은 영향을 줄 수 있는가?

누구나 다 음악이 학습에 도움이 될 수 있다는 것을 안다. 어릴 때 알파벳 노래를 배우지 않은 사람이 있는가? 음악 멜로디에 대한 기억은 거기에 있는 가사와 함께 대단히 오랫동안 기억에 남는다. 어린 시절이나 청소년 때 불렀던 노래를 몇 십 년이 지난 후에도 기억할 수 있는 것은 흔히 있는 일이다. 사실 때때로 머리에서 그 노래들을 지우기가 어렵다. 그러나 성인에게는 어떤 것을 배우기 위해서, 특히 노래를 만들어야 한다면, 그것을 멜로디로 엮는 것은 실용적이지 못하다.

어떤 종류의 음악은 뇌를 수용적인 학습상태로 만드는 것 같다. 이 상태는 효과적인 사고상태라고 할 수 있다. 사실 '모차르트 효과'에 많은 주의를 기울이게 했던 것이 바로 이와 같은 것이다. '모차르트 효과'란 어떤 종류의 음악은 비록 몇 점만 증가시키고 그것도 짧은 기간 동안만 유지되었지만, 어떤 특정한 종류의 공간지능을 올릴 수 있다는 것이다. 더욱 일반적인 연구결과에 의하면 다른 종류의 음악은 기분, 뇌, 그리고 학습하는 능력에 다른 효과를 지닌다. 단 한 종류의 음악이 모든 조건에서 모든 종류의 학습에 작용하지는 않는다.

무슨 종류의 음악경험이 이후의 학습을 향상시키는가?

모차르트 소나타와 같은 고전음악 종류는 공간 시간이라는 특정한 한 가지 유형의 지능을 향상시킨다. 이런 유형의 지능에는 공간에서 변화하는 일련의 패턴을 시각화하는 것이 포함된다. 그것은 체스를 둘 때, 어떤 곳에 말을 두는 것이 앞으로 어떤 효과를 미치는가를 예언할 때 또는 종이를 여러 번 접고 자르고 난 후, 그 종이를 폈을 때 그것이 어떤 도형이 될 것인가 하는 것을 예측할 때 뇌가 하는 작업이다. 다른 종류의 공간지능, 예를 들면 앞에 있는 삼차원사물을 다른 관점에서 보면 어떻게 보일까를 시각화하는 종류의 지능은 그런 음악으로 전혀 증가하지 않는다.

음악이 지니고 있는 진정효과가 어떻게 기억을 돕는가?

모차르트 음악이 뇌에 미치는 효과는 그 음악이 지닌 진정효과 때문만이 아니다. 모차르트 연구자들에 의해서, 한 비교집단의 피험자들이 10분 동안 이완시키는 테이프에 수동적으로 귀를 기울인 후에는 결코 공간-시간 지능이 향상되지 않았다. 그렇지만 어떤 다른 종류의 사고기능에 대한 음악의 이로운 효과 중 일부분은 음악이 사람을 이완시킬 수 있는 데 있다. 한 예로서 다음과 같은 흔히 일어나는 상황을 생각해 보라. 당신은 너무나 낙담하여 알고 있는 사람의 이름조차도 기억할 수 없다. 이 딜레마로 일어난 불안으로 당신의 마음은 그 문제에 주의를 기울이지 못한다. 왜냐하면, 당신은 당신이 겪고 있는 사회적인 곤혹에 너무나 정신을 많이 빼앗기고 있기 때문이다. 뇌는 기억의 문을 열고 그와 연합된 것(그 사람 아내의 이름 또는 당신이 어디에서 그를 보았는가)을 찾기 위해서는 이완될 필요가 있다. 그런 연합으로 당신이 안다고 생각하는 그 특정한 이름을 생각할 수 있다.

불안을 진정시키는 음악은, 마음을 산란시키는 감정 때문에 나이가 들면서 감소하는 이 사고능력이 억제되는 것을 막는 역할을 한다. 그런 종류의 사고를 작업기억working memory이라고 부르는데, 이는 많은 일상적인 과제를 수행하기 위해서 필요한 자료에 접근하고, 붙잡고 조작하기 위한 단기 '온라인' 시스템이다. 작업기억이 잘 작동하기 위해서는 주의를 기울이고 주의를 산만하게 만드는 자극을 차단하는 것이 필수적이다.

고전음악이 간질발작을 진정시킬 수 있다

모차르트 소나타, D 장조, 작품번호 448을 두 대의 피아노를 이용하여 음악에 대한 뇌파 패턴 반응을 연구한 결과들은, 이런 종류의 음악이 뇌의 측두엽과 전두엽을 자극하여 베타파 패턴을 일으킨다는 것을 나타내고 있다. 이 파는 정신을 바짝 차린 각성된 상태에서 나타나는 뇌파다. 간질환자의 뇌에서 일어나는 전기의 주파수활동을 기록한 EEG(뇌전도, 때때로 '뇌파' 라고 불린다)는 종종 측두엽에서 시작되는 '스파이크' 를 나타낸다. 그 스파이크가 거기에서 퍼져나가면서 뇌의 나머지 부위들도 발작상태로 된다. 음악을 사용하여 간질환자의 뇌파 패턴을 변경시켜 발작의 가능성을 줄일 수 있을까?

'모차르트 효과' 를 발견한 이후 이루어진 창의적인 연구로, 연구자들은 검사받은 피험자 대다수에게서 모차르트 피아노 소나타가 간질환자의 뇌 패턴을 감소시킨다는 것을 발견했다. 심지어 혼수상태에 있는 두 명의 환자에게서도 1/2에서 2/3까지 그들의 간질 뇌활동을 감소시켰다.

이런 변화는 단지 일시적이지만 더욱 집중적인 듣기요법은 더 장기적인 효과를 낼 수 있을 것이다. 레녹스-가스타우트 증후군(Lennox-Gastaut syndrome)이 있는 8세 된 소녀에게 치료가 잘 안 되는 어린이 간질형태가 있었는데, 그 어린이가 깨어있을 때 10분마다 모차르트 음악을 들려주었다. 그날 밤 그 어린이의 간질은 처음 4시간 동안 아홉 번 발작을 일으켰다가 마지막 4시간 동안은 단 한 번만 발작을 일으켰다. 다음날 그 어린이는 전날 모차르트 치료의 혜택을 계속 받았다. 즉, 8시간 동안 단 두 번 발작을 일으켰다.

기분과 문화적 배경 둘 다가 차이를 낳는다

음악이 이완에 도움이 될 수 있다는 것을 알기 위해서 또는 모든 종류의 음악이 똑같이 이완시키는 데 효과적이지는 않다는 것을 알기 위해서 당신이 꼭 신경과학자가 될 필요는 없다. 사람들에 따라서, 아마도 문화에 따라서 다른 종류의 음악으로 혜택을 받을 것이다. 최근 터키에서 이루어진 한 연구는 토착 터키인에게는 터키 음악에 흔히 사용되는 피리인 네이ney로 연주하는 음악은 뇌를 진정된 유능한 상태로 들어가게 만든다는 것을 나타내었다. 그 상태는 주의를 집중하거나 작업기억이 잘 작용할 때와 비슷한 상태다.

당신의 기분상태 역시, 음악으로 야기되는 이완상태와 학습상태 간 상호작용에 중요한 역할을 할 수 있다. 최근에 한 연구에서 이완기법은 아침에 하는 작업기억 수행에는 도움을 주나 피험자가 피곤함을 느끼는 오후에는 그렇지 못했다. 다시 말하면 이완상태가 항상 우리에게 도움이 되는 것은 아니다. 최근 스코틀랜드에서

한 연구에서는 놀랍게도 교실에서 브리트니 스피어즈 Britney Spears를 연주하는 것이 초등학교 학생의 시험성적에 도움이 되었다는 사실을 발견했다. 박자가 빠른 유행음악이 학생을 지루한 상태에서 주의를 끌고 학생들을 흥분시키고 그리고 그들의 주의와 동기를 증가시켰는데, 이는 교사가 하는 것보다 더 성공적인 결과를 나타내었다.

그렇지만 일반적으로 그리고 특히 나이든 사람들에게는 배경에 가사가 있는 음악을 연주하는 것은 주의집중에 방해가 되고 학습을 방해한다. 어린 사람의 뇌는 배경소리, 특히 말소리를 쉽게 무시할 수 있지만, 나이든 사람의 단기작업 기억 시스템은 원하지 않아도 자동적으로 그런 소리에 주의가 끌린다.

알츠하이머 병치료로서의 음악

의학계 연구자들과 알츠하이머 병환자를 돌보는 사람들 역시, 음악이 치료적인 효과를 가질 가능성을 탐색하는 데 관심을 모으고 있다. '모차르트 효과' 를 연구한 최초의 연구자들 중 한 사람이 공동으로 한 연구에 의하면, 음악으로 어린 시절에 증진되는 공간지능의 한 유형이 알츠하이머 병환자에게서도 증진되었다. 최근 런던에서 개최된 영국심리학회Pshchological Society에 제시된 또 다른 연구에서는, 음악이, 약하거나 심하지 않는 치매를 가진 사람들의 오래된 장기기억을 향상시킬 수 있다는 증거를 제시했다. 다른 연구들은 음악이 치매환자가 더욱 명확하게 의사소통하도록 도울 수 있다는 사실을 발견했다. 그렇게 의사소통이 증진될 수 있는 이유는 아마도 음악이 뇌의 많은 부분들을 깨우고 언어와 기억 기술을 자극하기 때문일 것이다. 언어와 기억기술은 정상적인 노인에게서 약간 떨어지고 알츠하이머 병환자에게서는 심하게 떨어지는 경향이 있다.

음악이 노화의 효과를 상쇄시킬 수 있는 두 가지 방법

음악을 연주하거나 다른 사람들과 함께 노래를 부르는 사람들은 정신적인 기술을 다시 만드는 방식으로 자신의 뇌를 자극한다. 이것에 대해 많은 이유들이 있다. 서로 지지하는 집단에 참여하는 것은(음악이 확실히 그렇게 할텐데), 기분도 좋게 만드는 사회적 상호작용의 한 종류이다. 독서나 음악을 연주하는 것은 자존감을 높이는데, 자존감은 우울을 없애고, 나이든 사람들이 편안하지만 정신적으로 우둔하게 만드는 일상생활 밖으로 나가서 모험을 하도록 자극한다.

치매에서 알츠하이머 병으로 진행되면서 기억과 언어기술은 심하게 손상되는데도 어떤 음악능력은 그대로 남아 있다는 사실을 주목하는 것은 흥미롭다. 예를 들면, 알츠하이머 병을 앓는 82세 된 음악가는 비록 기억은 완전히 황폐한 상태가 되어, 음악제목이나 작곡가의 이름을 알 수 없었지만, 이전에 학습한 피아노 작품을 탁월하게 연주하는 능력을 그대로 가지고 있었다. 아마도 이것은 그런 작품을 연주하는 기술이, 알츠하이머 병에 의해서 가장 심하게 영향받는 사건이나 단어에 대한 기억 시스템에 저장되어 있지 않고 절차기억 시스템에, 즉 자전거를 타는 것과 같은 것을 다루는 '근육기억' 시스템에 저장되어 있기 때문일 것이다.

모차르트 음악의 효과가 가지는 가능성에 대해 일반대중이 가지는 열렬한 반응은, 음악이 뇌의 학습수용성을 증진시킬 수 있는 가능성, 그리고 다른 인지기술을 강화시키고 유지시킬 수 있는 가능성에 대해 더 많은 연구를 하게 하는 연료를 공급하고 있다. 악기를 연주하거나 집단으로 노래를 부르는 것은 물론, 음악을 들을 때 활성화되는 뇌영역들이 많이 있기 때문에 음악의 종류에 따라 단지 공간-시간적 추론뿐 아니라 다른 기술도 영향받을 수 있는 것은 당연하다.

아마도 인지기술을 자극하고 유지시키기 원하는 사람들에게 더 중요한 것은, 다른 사람과 함께 음악을 연주하거나 노래를 부르는 것이 뇌의 많은 부분에 자극을 주고, 특히 나이든 뇌에서 늙으면서 나타나는 기억과 학습의 자연적인 감퇴를 늦추는 작용을 할 수 있다는 점이다. 그것 이외에도 음악을 하면서 적극적으로 집단에 참여하면서 오는 사회적 지지와 프라이드는 자존감에 긍정적인 효과를 줄 것이다. 그것은 다시 다른 활동에도 참여하게끔 격려하고 그래서 노인들에게 자주 오는 우울증을 예방하는 데 도움이 될 것이다.

최상의 뇌연습

왜 빈칸을 채우는 퍼즐이 여러 개에서 하나를 선택하는 퍼즐보다 나은가

기억이란 과거경험의 표상이 깨끗하게 상자에 접혀져서 뇌피질의 어딘가에 조심스럽게 저장된 그런 것이 아니다. 그보다는 기억이란 뇌의 여러 부위에 저장된 경험조각들이 거의 동시에 인출된 결과이다.

저녁식사 때 알맞은 포도주를 찾기 위해서 포도주이름이 적힌 목록을 훑어보면서, 어떤 부르고뉴 산 포도주Burgundy는 백포도주이며 차르도나이Chardonnay 포도로 만들고, 그리고 부르고뉴 산 백포도주가 어떤 맛인가에 대한 기억, 그리고 나서 부르고뉴 산 백포도주를 마시면서 디종에서 친구와 함께 앉아 있었던 기억, 그리고 그 친구가 그 포도주는 상표에는 그렇게 적혀있지 않지만 차르도나이 포도로 만들어진다고 말한 것이 회상되고, 그리고 나서는 그 상표가 무엇과 비슷하더라는 기억이 떠오를 수 있다.

일반적으로 어떤 지식과 관련된 부분들이 많이 있을수록, 예를 들면, 부르고뉴 산 백포도주는 어떤 유형의 포도로 만들어지는가와 같은 부분들이 많을수록 망각하기가 더 어려워진다. 그러나 기억의 다른 부분들을 모두 다 다시 조립한다고 하더라도 원래의 경험과 일치한다고는 절대로 보장할 수 없다. 당신은 포도주를 마시면서(그것을 무엇이라 부르지?) 프랑스에 있는 어떤 마을에서(그 마을의 이름이 무엇이었지?) 앉아 어떤 친구와 당신이 마시고 있는 것과 관련된 것에 대해서 이야기하고 있는 것을 기억할지도 모른다. 또는 부르고뉴 산 백포도주는 차르도나이에서 만들어진다는 것을 알 것이다. 또는 안다고 생각할 것이다. 그러나 당신이 그 사실을 어디에서 알았는지 또는 누가 당신에게 그것을 말해주었는지는 생각못 할 수도 있다. 또는 당신이 어떤 친구와 함께 포도주를 마시면서 앉아있는 것을 기억할 것이다. 그리고 디용에 간 적이 있다는 사실도 기억하면서 당신은 그 둘을 함께 기억하지는 못할 수도 있다. 또는 당신은 디용에서 야외 카페에서 친구와 함께 앉아 있었던 사실을 기억하면서, 우수한 샴페인을 맛보고 있는 이미지를 잘못 기억할 것이다. 사실 샴페인은 일주일 후 렝스에 갈 때까지는 마시지 않았다.

기억이 생생하고 자세하게 회상될 때 그 기억전체가 깨끗한 한 덩어리로 저장되어 있었다고 생각하기 쉽다. 심지어 기억들이 조각조각 회상될 때, 그리고 각 부분들이 한 장소에 함께 저장되지 않았다는 것을 보기 쉬울 때라도 종종 그것은 중요하지 않게 보인다. 결국,

중요한 부분들이 인출되었다면 그 사실들을 아는 것이 지 않은가? 그것을 학습한 상황 — 언제, 그리고 어디에서 누가 우리에게 말했는가 — 을 기억하는 것은 중요하지 않다. 그러나 때때로 그것이 중요한 차이를 낳을 때도 있다.

전두엽이 하는 역할

오늘 아침 약 먹는 것을 기억했는가? 당신은 약 먹는 것에 대한 정신적인 이미지를 가지고 있을 것이다. 그러나 당신은 그 이미지가 실제로 그 약을 먹은 것에 대한 기억인지 또는 단지 당신이 자신에게 그것을 먹을 것을 기억하라고 말했을 때 마음속에 떠오른 이미지였는지 확신할 수 없을 것이다. 아니면 당신 생각에 어떤 친구 결혼에 문제가 있다는 것을 들었다고 기억하는데, 그 친구가 당신에게 직접 말했는지 또는 딴 사람이 그 애기를 당신에게 말했는지 기억할 수 없을 때가 있다. 그리고 만약 다른 사람이 당신에게 말했다면, 그것은 비밀로 지켜야 하는 얘기인지, 아니면 공공연하게 말해도 되는 것인지 기억할 수 없을 수도 있다.

기억을 재조립하는 과정에 대단히 중요한 뇌영역은 전두엽이다. 이 부위는 우리가 어떤 기억에 접근하려고 의식적으로 노력할 때 또는 어떤 질문에 대답하기 위해서나 어떤 문제를 풀기 위해서 기억된 지식에 접근하려고 할 때 특히 많이 작용하는 뇌부위이다. 만약 전두엽이 효과적으로 작용하지 않는다면, 당신이 어제 오후 3시에 어디 있었는가 또는 아퍼 볼타Upper Volta의 현재 이름이 무엇인가와 같은, 사건이나 사실에 대한 외현기억에 접근하기가 더욱 어려워질 것이다.

그 지식의 원천을 기억하는 것이 왜 중요할 수 있나

전두엽이 제 기능을 제대로 하지 못할 때 나타날 수 있는 또 다른 종류의 기억인출 문제가 있다. 전형적인 것은 기억의 원천source을 기억하지 못하면서, 보았거나 들었던 사실을 기억하는 것이다. 일반적으로 정보의 원천은 최상의 조건에서도 접근하기 어렵다. 왜냐하면, 인간뇌는 어디에서 학습했는가와 같은 우연히 부수되는 것을 망각하면서 그것의 요점만 기억하도록 고안되어 있기 때문이다. 그렇기 때문에 전두엽이 충분히 제 기능을 발휘하지 못하면, 조각조각으로 된 기억을 여러 면이 있는 하나로 재조립하는 과정에서 정보의 원천은 우선적으로 빠질 것이다.

전두엽은 기억의 다른 면에 접근하고 재조립하는 데 중요할 뿐 아니라 그런 국면의 어떤 것을 우선적으로 만드느냐 하는 과정도 통제한다. 그리고 기억에 많은 측면이 있을수록 그 기억에 접근하는 것은 쉬울 것이다. 왜냐하면, 다른 것을 기억하도록 이끌고 연결시키는 '연결고리entry point' 가 많을 것이기 때문이다.

많은 기억술 — 지식을 부호화하기 위한 의식적인 전략 — 은 기억이 다른 지식과 많이 연결될수록 기억에 더 잘 새겨지고 더 접근하기 쉽다는 사실을 이용한다. 본질적으로 이것은 정교화, 즉 사물을 더 잘 기억하기 위해서 그것들을 의미있게 만드는 과정에서 일어난다.(33쪽 박스를 보라) 인위적인 사실은 그 자체로는 기억하기 어렵다. 천부적으로 좋은 기억을 가진 사람과 잘 잊어버리는 사람들과의 차이는 그들의 전두엽이 인위적인 지식을 얼마나 자동적으로 '정교화' 시킬 수 있는가에 달려있다.

원천기억을 혼동하는 것

아래에 있는 단어의 목록을 훑어 보라. 그리고는 그 단어목록을 덮고 암기한 그 단어들을 기억하여 말해 보도록 해라.

맛있는 초코렛 사탕 설탕 꿀 디저트
아이스크림 체리 생크림 시럽

당신은 어떻게 했는가?

나이든 사람들은 일반적으로 젊은 사람들보다 이와 같은 목록에 있는 단어를 잘 기억하지 못한다. 그러나 '단', 또는 '체리 아이스크림'과 같은 단어를 잘못 기억하고 그런 단어를 보았다고 말하는 것은 젊은 사람들과 비슷한 정도다. 그 목록을 읽어보면서 그런 단어를 생각하지 않기는 어렵다. 당신은 그 단어 중 하나 또는 둘 다를 실제로 읽었는가, 아니면 다른 단어를 읽으면서 그 단어들을 단지 생각했는가? 바로 원천기억에 혼동이 생긴 것이다.

노화가 전두엽에 미치는 영향

나이든 사람들이 기억을 부호화하고 인출하는 데 더 많은 어려움을 겪는 이유 중 하나는, 나이가 들면서 전두엽이 어느 정도 위축되고 그렇기 때문에 정보를 덜 자동적으로 부호화하고 인출하는 경향이 있기 때문이다. 하버드 대학교의 연구자 다니엘 샤흐터Daniel Schacter가 뇌주사법으로 한 연구에 의하면, 최근에 공부한 단어목록을 기억하는 회상과제를 할 때, 젊은 성인의 오른쪽 전두엽 앞쪽이 나이든 사람의 동일한 뇌영역보다 더 활발한 활동을 나타내었다. 나이 차이는 부호화 동안에도 나타난다. 젊은 사람들의 뇌는 기억을 더 쉽게 인출하도록 만드는, 정교화하면서 부호화하는 과정을 자동적으로 그리고 노력을 별로 들이지 않고 할 것이다.

흥미롭게도 이런 나이 차이는, 젊은 사람과 나이든 사람들의 기억인출retrieval을 검사할 때는 나타나지만 재인기억recognition을 검사할 때에는 사라진다. 거의 모든 사람들에게 재인하는 것이 회상하는 것보다 더 쉽다. 만약 당신에게 일분간 당신이 할 수 있는 한 과일이름을 많이 대라고 한다면, 그 때에는 당신에게 동일한 시간을 주면서 많은 단어 중에서 과일이름을 골라내라고 할 때보다 더 적게 생각해 낼 것이다. 만약 어떤 사람이 당신에게 탄자니아의 수도이름을 물을 때는, 그 사람이 당신에게 "탄자니아의 수도는 베를린, 다르 에스 살람 또는 카이로 중에서 어디지요?"라고 물을 때보다 더 틀리기 쉬울 것이다.

재인은 회상보다 전두엽에 덜 의존한다. 나이든 사람의 전두엽이 젊은 사람의 전두엽보다 회상과제를 할 때 덜 자동적으로 작용한다는 사실이, 나이든 사람들이 자신의 전두엽을 학습과 기억에 효율적으로 사용할 수 없다는 것을 의미하는 것은 아니다. 그것은 단지 기억할 때 의식적인 노력이 더 많이 든다는 것을 의미한다. 그리고 바로 그것 때문에 당신이 이전에 결코 본 적이 없는 퍼즐을 푸는 것이나 빈 칸을 채우는 질문에 대답하는 것이, 여러 개에서 하나를 선택하는 것보다 늙어가면서 뇌를 훈련시키는 데 더 좋은 운동이 된다.

뇌를 활기있게 유지하기 위해서 가르치기

열심히 듣는 것은 뉴런을 부양한다

'풍부한 좋은' 환경이 어떻게 쥐의 뇌를 더 크게 하고 똑똑하게 만드는가를 보여주는 실험에서('건강한 노화'(23쪽)를 보라) 풍부한 환경이 가진 세 개의 기둥 중 두 개는 정신운동과 사회적 자극이다. 신체운동에 더

하여 이 두 가지 생활 스타일 요소는 정신건강을 유지하는 데 중요하고도 확실한 역할을 할 수 있다. 사실, 여러 연구에 의하면 사람들이 직업을 가지고 있을 때나 은퇴했을 때 지적활동, 사회적 활동을 많이 추구할수록 알츠하이머 병에 걸릴 가능성이 줄어든다는 증거가 나오고 있다.

활동적인 마음으로 건강혜택을 수확하는 보통의 방법은 책을 읽고, 강의를 듣는 것이다. 그리고 평생교육 등으로 교실에서 수업을 받는 방법도 있다. 그러나 당신이 알고 있는 것을 다른 사람에게 가르치는 것 역시 정신적으로, 그리고 사회적으로 자극적인 것이다. 그것은 사람들이 상상하는 것보다 훨씬 더 많이 지적인 자극이 될 수 있다.

기초를 이해하기

학문적인 세계에서는 다음과 같은 말이 있다. 만약 당신이 어떤 이론을 아침식사 시간에 엄마에게 설명하여 그것을 이해시킬 수 없다면, 당신은 그것을 스스로에게 이해시키지 못했거나 그것이 잘못된 것이다. 이것은 어떤 아이디어를 다른 사람의 준거의 틀에 놓기 위해서 부연설명해야 한다는 것을 다른 방식으로 말하는 것이다. 부연설명은 정의상, 동일한 아이디어를 다른 단어로 표현하는 것을 말한다.

그렇게 하기 위해서는 그 아이디어를 충분히 그리고 완전히 이해해야 한다.

당신이 안다고 생각하는 것을 잘 이해하기

우리 주위에 어린이들이 있어서 좋은 점 중에 한 가지는, 어린이들은 우리가 보통 가지고 있는 가정을 그

냥 그대로 내버려두지 않는다는 점이다.

그들은 질문할 때 문제의 핵심에 직접 접근하는 불편한 방법을 쓴다. “그것은 무엇을 의미하죠?” 또는 “그것은 어떤 차이가 있죠?” 이런 질문에 잘 반응하는 것은 가치있는 일이다. 그것이 어떻게 그렇게 되는가에 대해서 또는 왜 그것이 그런 방법으로 되는가를 설명하기 위해서 시간을 들이는 것은, 어린이들에게 비판적인 사고기술을 발달시키는 데 그리고 또 스스로 어떤 것을 밝혀내는 데 관심을 가지도록 도울 수 있다. 그것은 또한 우리가 안다고 생각했던 것에 대해 생각해 보고는 갑자기 그것을 설명하기 어렵다는 사실을 깨닫도록 한다.

모래는 어디에서 나오지요? 일 년을 왜 12달로 나누지요? 만약 달의 인력이 조수를 만든다면 그리고 우리가 밀물이 오고 있는 해변에 서 있다면 어떻게 달이 대양의 수평선 위, 물이 움직이는 방향과 반대되는 방향에 있을 수 있죠?

언어 배우기: 궁극적으로 뇌를 훈련시키는 것

외국어를 학습하는 것은 친숙한 아이디어를 다른 단어로 바꾸는 것과 똑같은 방법으로 뇌를 훈련시킬 수 있다. 그것은 또한 오만한 콧대를 꺾는 경험이 될 수 있다. 만약 당신이 일본어 또는 독일어를 공부한다면, 어린이처럼 발음하는 것을 그만두기까지는 꽤 많은 시간이 걸릴 것이다.

만약 당신이 테이블의 반대편에 앉아서 외국학생에게 당신의 모국어를 가르친다면 전문가로 간주된다는 점에서는 좋은 기분을 느낄 수 있다. 그러나 당신의 모국어를 가르치기 위해서는 그것을 다른 사람에게 설명하기 전에 먼저 그 언어의 기초가 되는 규칙과 구조를 의식이 되게 이해해야 한다. 이렇게 되면 정신운동과 수행감 모두가 활동하기 시작한다.

118

뇌를 점검하라

뇌를 완전히 사용하기

가계도를 만드는 것이 어떻게 전문가들이 말하는 것을 실행에 옮기도록 하는가

풍부한 환경이 가지는 세 개의 기둥은 이 책에서 여러 번 언급했지만, 그것은 우리의 일상생활에 너무나 중요하여 그것이 가진 메시지를 여러 번 반복해도 좋을 것이다.

여러 연구에서 풍부한 환경이 우울증을 피하도록 돕고 신체의 면역계를 보호하고, 인지기능을 일생동안 유지하도록 돕는다는 것에 대해 논박할 수 없는 증거를 제시하고 있다. 풍부한 환경이 지닌 이 세 가지 요소란 정신활동, 사회활동, 그리고 신체활동이다. 그리고 그것이 제공하는 혜택은 단순히 좋은 기분을 느끼게 하는 것 이상이다.

이 세 개의 영역, 즉 신체적, 사회적, 그리고 정신

적 활동은 뇌가 뉴런을 재생하는 속도를 증가시키는 생화학적인 수준에서 작용한다. 그것은 또한 이미 있는 뇌세포와 그 세포들을 연결하는 길을 보호하는 생물학적인 요인을 최상의 상태가 되도록 돕는다. 우리는 이런 것을 덜 사용하는 생활 스타일이 우리의 뇌와 신체건강에 나쁜 결과를 가져온다는 것을 충분히 알면서도, 나이가 들어가면서 이런 기둥들을 무시하는 경향이 있다. 이것은 수치스러운 일이다.

꼭 이 방법일 필요는 없다. 풍부한 환경의 각 기둥을 개별적으로 접근할 아무런 이유도 없다. 특별한 관심을 공유하는 클럽, 토론집단 또는 지역사회 대학의 수업과 같이 사회적 자극과 지적 자극 둘 다를 제공하는 활동이 많이 있다. 지적 영역과 사회적 영역을 여러 수준에서 자극하는 한 가지 좋은 방법은 조상의 역사를 체계적으로 연구하는 것이다.

우리가 알든 모르든, 우리 모두 계보학에 잠깐씩 손을 댄다. 우리 부모가 어떻게 만났는가에 대해 알고, 괴짜 대숙모 밀드레드가 어떻게 네 번째 남편을 방랑죄로 구속되게 만들었는가를 이야기하면서 웃을 때 우리는 계보학을 다루는 것이다. 우리가 자신의 이야기를 다음 세대에 전해줄 때 우리는 계보학을 다루는 것이다. 사람들은 자연적으로 자신의 조상을 아는 데 관심이 있다. 계보학은 가족이야기가 제공하는 살에 골격을 제공함으로써 계속 관심을 유지할 수 있도록 도와준다. 그것은 우리에게 조상에 대한 정보를 더 많이 파내는 데 필요한 기술을 제공하며 또 우리가 축적한 많은 자료들을 조직하는 데 도움을 준다.

계보학은 또한 풍부한 지적 자극을 제공한다. 특히 우리가 자료를 모으기 위해 이용가능한 모든 자원들을 이용하려고 마음먹는다면 더욱 그렇다. 그것은 자연적으로 우리와 열정을 공유하는 다른 사람들과 접촉하도록 만든다. 자료를 모으기 위해서 접촉하는 친척들과 그리고 우리가 발견한 것을 공유하는 가족들과 더 자주 접촉하게 된다. 만약 당신이 정말로 여기에 열정을 가지게 되면, 비슷한 관심을 가진 다른 아마추어 계보학자들과 함께 클럽이나 온라인으로 하는 집단에서 기꺼이 서로 이야기와 전략을 교환하고 싶어할 것이다. 그러나 그 이상으로, 그리고 아마도 무엇보다 가장 중요한 것은 우리 조상의 삶을 되돌아보고 반성하면서 그것을 의미있는 계보학적인 맥락에 둠으로써 우리 자신의 삶의 의미에 어떤 감각을 더하게 될 것이다.

과거로 가는 여행을 시작하기

계보도 만들기를 시작하는 가장 좋은 방법은 현재에서 출발해서 과거로 거슬러 가는 것이다. 가장 단순한 계보학은 남성계보를 따라 가는 계보도이다. 아빠, 할아버지, 증조부 등으로 올라간다. 그리고 그 사람들의 아내와 자식들을 포함시킨다. 좀더 도전적으로 하려면, 여성쪽의 조상도 포함시킨다. 그 계보도는 그 옆가지들을 뻗어 더욱 확장될 수 있다. 숙모, 삼촌, 사촌, 오촌, 육촌 등. 이와 같이 옆가지를 포함시킬 때의 한 가지 보상받는 (또는 굴욕감을 느끼게 하는) 측면으로는, 당신이 아마 지금까지는 몰랐던 친척들이 살아있다는 사실, 그것도 잘 살아 있다는 사실을 발견하는 것이다. 사실 그들이 바로 이웃에 살고 있을 수도 있다.

그런 일을 할 때에 당신이 처음에 하려고 한 것에만 제한시키지 않는다면 곧 걷잡을 수 없이 옆으로 퍼질 것이다. 남성과 여성의 혈통을 포함해서 직계조상에 대한 사람의 수는 한 세대마다 지수적으로 증가한다.(2-4-8-16-32 등등) 만약 배우자의 조상이 포함된다면 그 수는 두 배가 된다. 그리고 만약 옆가지에 장모, 시집식구들을 포함시킨다면 마지막 몇 세대 내에서도 갑자기 수 백 명의 친척을 다루게 될 것이다.

역사의 메마른 사실에 살 붙이기

이름과 날짜는 가계도에 필수적이다. 그리고 당신은 아마도 그 이상을 더하길 원할 것이다. 앙상한 뼈로 된 가계도에 직업, 여행, 성취와 같은 살이 더 많이 붙을수록 그 프로젝트는 더욱 재미있어 질 것이다. 그리고 살아있는 가족 각 구성원은 그 역사에 관심이 생기면서 일반적인 역사에 대해서도 더욱 많은 것을 배우려고 할 것이다. 증조할아버지의 증조할아버지가 불런Bull Run 전쟁의 첫번째 전투에서 부상을 당했다는 사실을 발견하면 그 전투에 대한 역사적 평가를 읽게 되고, 그것은 남북전쟁까지 확대되어 남북전쟁을 조사하게 되고, 그런 관심으로 또다시 그 시기가 미국역사에서 더욱 생생하고 의미있게 될 것이다.

계보도가 가족이야기로 풍부해지면 거기에 따른 또 다른 보너스로는, 그것이 가족 내의 어린이발달에 긍정적인 영향을 줄 수 있다는 점이다. 하버드 대학교 심리학자인 제롬 카건Jerome Kagan(『뇌를 깨워라』, '부모 노릇하기’(117쪽)를 보라)에 따르면 아마도 저녁식탁에서 하는 가족이야기는 어린이들에게 가족에 대한 프라이드를 느끼게 할 수 있다. 이것은 어린이들에게 자신이 가진 재능과 능력에 대한 자신감을 강화시킬 수 있고, 그리고 이것은 다시 미래 어린이 자신의 성공에 대한 전망을 증가시킬 수 있다. 물론 당신은 그들에게 대고모 밀드레드에 대한 이야기를 들려주기 위해서 그 애들이 좀더 나이가 들 때까지 기다려야 할지도 모르겠다.

계보학를 편찬하고 가족역사를 조사하는 단계를 거쳐가는 것이 현명할 것이다. 그와 관련된 몇 개를 아래에서 추천하고자 한다. ‘계보학genealogy’이라는 검색단어로 온라인 상에서 쉽게 찾을 수 있는 자원들이 많이 있다. 어떤 사이트에는 비어있는 가계도가 있어서 다운로드 받고 인쇄할 수 있다. 좋은 계보학 소프트웨어 프로그램도 있어서 자료를 조직하는 데 도움이 될 수 있다. 그리고 만약 당신이 아직도 컴퓨터나 인터넷에 대해서 많은 것을 배우지 못했다면 계보학 프로젝트는 그것에서 벗어날 수 있는 좋은 기회가 된다.

인쇄된 것이든 전자로 된 것이든 이 모든 자원들은 그렇지 않으면 생각할 수 없는 계보학 정보의 원천 — 즉 세금기록, 인구조사, 국민군 소집 — 에 대한 지침을 제공할 것이다. 마지막으로 래터 - 데이 세인트 교회Church of Latter - Day Saints의 가족역사도서관Family History Library이 있다. 여기에는 그 교회의 가족역사센터에서 무료로 접근할 수 있는 기록이 많이 있다. 즉, 세례와 결혼에 관한 많은 기록들이 있다.

SELF TEST **개념적 점화**

A목록

각 항목에 대해서 그것이 자연물인지 인공물인지 판단하라.

lemon(레몬),
diving board(다이빙 대)
magazine(잡지)
asbestos(석면),
strawberry(딸기),
basketball(야구)
paper(종이),
gasoline(가솔린),
walnut tree(호두나무)
calendar(달력)
pepper(후추)
ice cream(아이스크림)
garnet(석류석)
light bulb(전구),
ostrich(타조)

B목록

각 항목에 대해서 그것에 음절이 2개 있는지 3개 있는지 판단하라.

candy(사탕)
casserole(남비),
painting(페인팅)
swimming pool(수영장)
computer(컴퓨터),
window(창문),
daisy(데이지꽃),
wristwatch(팔목시계),
robin(종달새)
ocean(대양),
hubcap(자동차의 휠캡)
needle(바늘),
watercress(양갓냉이)
pumpkin(호박)
pillow(베개)

111쪽을 보라.

그것은 보통 알츠하이머 병이 아니다

건강한 노화 대 치매, 그리고 그 차이를 어떻게 아는가

기억쇠퇴는 65세 이상인 사람들이 가장 많이 말하는 불평 중 하나이다. 이런 사람들은 미국인구의 12% 이상에 해당된다. 그리고 그 비율은 더 빨리 증가하고 있다. 그래서 왜 그렇게도 많은 사람들이 이전 어느 때보다도 알츠하이머 병에 대해 걱정하는가는 전혀 이상하지 않다. 점점 더 많은 사람들이 더 오래 산다. 그런데 나이가 이 질병에 가장 큰 위험요소이기 때문에 더 많은 사람들이 알츠하이머 병에 걸린다. 여기에 그 통계를 소개한다. 65세 100명 중 약 2명이 알츠하이머 병이라고 밝혀진 심각한 정신무능을 겪는다. 80세가 되면 그 숫자는 10배로 증가하여 100명 중 약 20명이 알츠하이머 병으로 고생한다. 10년이 더 지나 90세가 되면 노인 중 약 반이 알츠하이머 병에 걸린다. 현재 미국에는 이 병을 가진 사람이 약 400만 명이며, 지금부터 20년이 지나면 1,200만 명으로 껑충 뛸 것으로 예상된다.

그 숫자를 보면 왜 알츠하이머 병에 대해 사람들이 심각한 관심을 가지며, 왜 기억감퇴가 나이가 들수록 더욱 더 우리를 놀라게 만드는지를 명확하게 알 수 있다. 20세나 30세 때에는 일하러 나가기 전에 난로불을 끄는 것을 잊었다는 사실이(집이 불 타기 전까지는) 약간 재미있을 수도 있다. 80세 때 동일한 종류의 망각을 한다면 훨씬 더 불길한 것으로 해석될 수 있다.

그러나 통계에 의하면, 기억감퇴가 있더라도 이는 보통 알츠하이머 병의 징조가 아닌 것으로 나타나고 있다. 늙어서 기억감퇴가 일어나면 혹시 알츠하이머 병이 아닌가 염려하는 것은, 나이든 사람들에게서 전형적인 망각을 치매의 표시라는 결론으로 비약하는 경향이 있기 때문만은 아니다. 그것은 또한 기억의 어떤 측면은 나이든 거의 모든 사람에게서, 대단히 건강한 노인도 포함해서, 정상적으로 감퇴한다는 사실 때문이기도 하다.

전략은 확실히 좋다

건강하게 늙어 가는 사람들이 기억의 어떤 측면에서 어려움을 겪는 일은 꽤 흔하다. 그리고 장기기억에서 정보를 인출하는 것을 촉진시키기 위해서 종종 뚜렷이 의식하지도 않으면서 스스로 어떤 전략을 고안해낸다. 최근에 경험한 사건들을 일어난 순서로 배열하려고 할 때는 그 사건들을 적절한 순서로 놓을 일단의 단서들을 조직화할 필요가 있다. 왜냐하면, 단지 사건들만 기억하는 것은 충분하지 않기 때문이다. 정보 그 자체를 기억하기보다 그 정보의 원천을 기억하려면 종종 더 많은 노력을 기울일 필요가 있고, 또 어떤 기법이 필요할 것이다.

30초 내에 가능한 한 많은 채소이름을 생각해 낼 때에도 어떤 전략을 쓰면 잘 할 수 있다. 회상하는 단서를 제공하기 위해서 색깔별로 생각해 내든지(초록, 노랑, 빨강 식으로) 또는 각 알파벳에 따라 거기에 해당하는 이름을 생각하든 간에 전략을 쓰면 잘 된다. 그리고 이런 종류의 의식적 회상을 하려면 우리 모두 회상하기 위해 노력을 많이 해야 하는데, 나이가 들수록 좀더 많은 노력이 필요하다. 그런 과제 모두가, 유아기 때 천천히 발달하고 나이가 들면 감소하는 경향이 있는 전두엽에 의존하기 때문이다. 반면, 단순한 재인기억(다음에 있는 박스를 보라)은 전두엽에 많이 의존하지 않는다. 그래서 건강하게 늙으면, 늙더라도 그런 기억은 잘 할 수 있다. 그러나 주의해야 할 점은, 알츠하이머 병을 가진 사람들은 회상과 재인 둘 다 잘 하지 못한다.

재인기억 대 회상(1부)

유명한 사람들에 대한 아래에 있는 묘사를 재빨리 훑어보라. 그리고 당신이 그들의 이름을 생각해 낼 수 있는지 보라. 시간은 일 분으로 제한시켜라. 그리고 페이지를 덮어라.

- TV에서 하는 앤디 그리피스 쇼(Andy Griffith Show)에서 오피 역, 그리고 해피 데이즈(Happy Days)에서 리치 커닝햄 역을 한 할리우드 감독.
- 페리 메이슨(Perry Mason)이라는 TV 쇼에서 페리 메이슨 역을 한 배우.
- 암스테르담에 있는 다락방에서 숨어 지내는 동안 일기를 쓴 유태인 소녀.
- 아프리카에서 침팬지를 연구한 여성.
- 우주선을 탄 첫번째 미국여성.
- 제우스신의 머리에서 튀어나온 그리스의 지혜의 여신.
- 어 퓨 굳 맨(A Few Good Men)과 스트립티즈(Strip-tease)에서 주연을 맡은 여배우.
- 아름다운 인생(It' s a Wonderful Life)과 또 다른 두 영화

에서 최고의 아카데미 감독상을 세 번 받은 감독.

- 웬디 햄버그 체인의 설립자이자 대표자.
- 투 해브 앤드 해브 낫(To Have and Have Not)에서 험프리 보가트의 상대역을 맡았고 그로부터 일 년 후 그와 결혼한 여배우.
- TV 프랑스 주방장(The French Chef)에서 주연한 미국 요리사의 대모.
- 데드 맨 워킹(Dead Man Walking)에서 수녀 헬렌 프리진 역으로 1995년 아카데미 최고여우 수상자.
- 워터게이터 인물로 현재 자신의 라디오 쇼를 가지고 있는 사람.
- CNN의 설립자, 애틀랜타 브레이브즈(Atlanta Braves)의 소유자이며 제인 폰다의 전 남편.
- 독설가로 1900년 경 알코올반대운동을 한 사람.

재인기억 대 회상(2부)

아래에 있는 묘사를 다음 쪽에 있는 이름과 짝 지워라. 이것은 다른 단서가 없는 회상보다 쉬운가?

- TV에서 하는 앤디 그리피스 쇼(Andy Griffith Show)에서 오피 역, 그리고 해피 데이즈(Happy Days)에서 리치 커닝햄 역을 한 할리우드 감독.
- 페리 메이슨(Perry Mason)이라는 TV 쇼에서 페리 메이슨 역을 한 배우.
- 암스테르담에 있는 다락방에서 숨어 지내는 동안 일기를 쓴 유태인 소녀.
- 아프리카에서 침팬지를 연구한 여성.
- 우주선을 탄 첫번째 미국여성.
- 제우스신의 머리에서 튀어나온 그리스의 지혜의 여신.
- 어 퓨 굳 맨(A Few Good Men)과 스트립티즈(Strip-tease)에서 주연을 맡은 여배우.
- 아름다운 인생(It' s a Wonderful Life)과 또 다른 두 영화에서 최고의 아카데미 감독상을 세 번 받은 감독.

- 웬디 햄버그 체인의 설립자이자 대표자.
- 투 해브 앤드 해브 낫(To Have and Have Not)에서 험프리 보가트의 상대역을 맡았고 그로부터 일 년 후 그와 결혼한 여배우.
- TV 프랑스 주방장(The French Chef)에서 주연한 미국 요리사의 대모.
- 데드 맨 워킹(Dead Man Walking)에서 수녀 헬렌 프리진 역으로 1995년 아카데미 최고여우 수상자.
- 워터게이터 인물로 현재 자신의 라디오 쇼를 가지고 있는 사람.
- CNN의 설립자, 애틀랜타 브레이브즈(Atlanta Braves)의 소유자이며 제인 폰다의 전 남편.
- 독설가로 1900년 경 알코올반대운동을 한 사람.

로렌 베이콜(Lauren Bacall)

캐리 내이션(Carrie Nation)

샐리 라이드(Sally Ride)

론 하워드(Ron Howard)

데이브 토마스(Dave Thomas)

제인 굳돌(Jane Goodall)

줄리아 차일드(Julia Child)

데미 무어(Demi Moore)

J. 고든 리디(J. Gordon Liddy)

프랭크 카프라(Frank Capra)

앤 프랭크(Anne Frank)

테드 터너(Ted Turner)

수잔 사란돈(Susan Sarandon)

아테네(Athena)

레이몬드 버(Raymond Burr)

당신이 몇 살이든지 첫번째 과제를 하는 것이 두번째 과제보다 더 어렵다. 왜냐하면, 회상은 단순한 재인보다 전두엽에 기초하는 인출기술에 의존하기 때문에 노력을 더 많이 할 필요가 있기 때문이다.

나이가 많은 사람들의 전두엽은 회상할 때 덜 자동적으로 되어서 의식적 노력을 더 많이 해야 한다. 그러나 재인기술은 항상 같은 수준으로 남아있다. 그러나 치매인 사람에게는 회상과 재인 둘 다 어렵다.

개념적 점화 - 알츠하이머 병에 대한 또 다른 검사

개념적 점화conceptual priming라 알려진 또 다른 기억 시스템은 정상적인 노화에 의해서는 영향받지 않는다. 그러나 알츠하이머 병에 의해서는 손상된다. 128쪽 'A'에 있는 단어목록을 보라. 그 목록의 항목을 보면서 각 항목에 대해서 스스로에게 그 대상이 자연물인지 또는 인공물인지 물어 보라. 다음에는 'B' 란으로 가서 각각이 두 음절로 되었는지 또는 세 음절로 되었는지 생각해 봐라. 그리고 나서 140쪽으로 가서 박스에 있는 모든 항목에 대해서 당신이 두 개의 목록 중 어느 것에서라도 보았다는 것을 기억하면 그것을 표시하라.

젊은이든, 나이든 사람이든 거의 모든 사람들에게, 단어가 표상하는 그 대상이 자연물인지 인공물인지를 생각해 보면 — 이는 각 단어의 의미에 대해서 생각해 볼 필요가 있다 — 그 단어를 음절의 구조로 생각하는 것보다 재인을 더 잘 할 수 있다. 반면, 알츠하이머 병환자들에게는 개념적 점화의 효과가 없다. 그래서 그 환자들은 단순히 음절구조로 분석한 단어보다 그 의미를 생각한 단어를 더 잘 기억하지는 않는다.

알츠하이머 병환자에게서 개념적 점화효과가 사라지는 것은 아마도 주의, 언어, 그리고 추론과 관련된 뇌부분들의 손상으로 일어난다. 그것이 바로 알츠하이머 병 증상들이 정상적인 노화의 증상들보다 훨씬 좋지 않은 이유이다. 그 증상들은 뇌의 많은 부분에서 일어난다. 더욱이 정상적인 노화로 영향받는 뇌부위들이 알츠하이머 병에 의해서는 훨씬 더 많이 손상된다. 특히 해마의 손상이 심한데, 해마는 경험과 사실에 대한 외현기억, 특히 최근에 일어난 사건에 대한 기억을 형성하는 것과 관련된 중요한 뇌구조물이다.

그러나 알츠하이머 병이 뇌의 모든 부위를 다 침해하지 않고 모든 종류의 기억기술에 모두 다 손상을 주지는 않는다. 절차procedural기억, 즉 어떻게 자전거를 타는가, 어떻게 테니스 공을 치는가와 같은 운동기술의 학습에 관련깊은 뇌영역들은 손상되지 않는다. 그래서 때때로 기이하게 불일치하는 일이 생긴다. 예를 들면, 알츠하이머 병환자인 어떤 음악가는 긴 피아노 곡을 훌륭하게 연주할 수 있는 능력을 파지하고 있으면서도 자신이 연주하고 있는 작품명을 기억할 수 없다거나 그 작곡가의 이름을 떠올릴 수 없다.

SELF TEST 개념적 점화

이 항목들 중에서 어느 것이 128쪽에 있었던 목록 어느 것에라도 있었던 것인가?

needle(바늘)	paper(종이)
credit card(신용 카드)	orange(오렌지)
walnut tree(호두나무)	painting(페인팅)
diving board(다이빙 대)	ice cream(아이스크림)
ocean(대양)	collie(콜리종 개)
pelican(펠리칸 새)	candy(사탕)
daisy(데이지꽃)	asbestos(석면)
surfboard(파도타기에 쓰는 널)	

정상적인 노화 대 치매

알츠하이머 병을 포함하여 진행성치매의 초기증상은 심하지 않다. 나이든 사람들에게 흔하게 나타나는, 심지어 중년에게서도 나타나는 망각이 나타난다. 그러나 질병이 진행되면서 그 증상은 단순한 망각과 쉽게 구별된다.

	정상	치매
1) 직장에서 일어나는 기억상실	가끔 약속, 기한일 또는 직장동료의 이름을 잊는다.	자주 잊고, 설명할 수 없는 혼동을 겪는다.
2) 친숙한 과제에 어려움을 느낀다.	가끔 주의가 산만해진다 – 예를 들면, 식사 때 내놓으려고 했던 음식을 잊는다.	심하게 망각한다 – 예를 들면 자신이 식사를 준비했다는 사실을 잊어버린다.
3) 언어결함	가끔 옳은 단어를 찾는데 어려움을 겪는다.	종종, 옳은 단어를 찾는데 심한 어려움을 겪는다. 그 결과, 뜻도 되지 않는 말을 한다.
4) 시 · 공간 개념의 상실	가끔 그 날이 무슨 요일인가 잊는다.	가게로 가는 길에서 길을 잃는다.
5) 판단 문제	그 날의 추위나 더위에 맞지 않는 옷을 선택한다 – 예를 들면, 선선한 9월에 야구경기를 보러가면서 스웨터를 가지고 가는 것을 소홀히 한다.	옷을 눈에 띄게 부적절하게 입는다 – 예를 들면, 더운 여름날 두꺼운 옷을 몇 겹으로 입는다.
6) 추상적인 사고장애	가끔 수표장의 계산을 정확히 맞추기가 어렵다.	2,800원에서 400원을 빼는 것과 같은 기본적인 계산도 수행하지 못한다.

7) 물건을 잘못 두기도 하고 둔 곳을 잊어버린다.	때때로 열쇠나 지갑을 찾지 못한다.	부적절한 장소에 물건을 둔다 – 예를 들면, 지갑을 오븐에 넣는다.
8) 기분이나 행동의 변화	날마다 기분이 변한다.	어떤 뚜렷한 이유도 없이 갑자기 극적으로 기분이 변한다.
9) 성격변화	나이가 들면서 나타나는 심하지 않은 성격변화	극적이고 혼란스런 성격변화 – 예를 들면, 이전에는 마음이 편한 사람이었는데, 적대적이거나 화를 잘 내는 사람으로 변한다.
10) 자발성감소	사회적으로 해야 할 일이나 집안일을 일시적으로 하기 싫어한다.	많은 또는 모든 사회적 활동이나 집안일에 대한 관심이 영구적으로 사라진다.

뇌졸중

유형, 증상, 그리고 새로운 치료법

갑자기 기억이 사라지거나 정신적인 혼미가 나타나는 것은 많은 것을 의미할 수 있다. 세 가지 중요한 가능성으로는 뇌졸중stroke, 일시적 국소빈혈 발작transient ischemic attack; TIA, 그리고 일시적 전체 기억상실증

transient global amnesia; TGA이 있다. 이 세 가지의 원인은 몇 가지 면에서는 비슷하지만, 그것이 장기적으로 미치는 효과는 크게 다를 수 있다. 이 세 가지 유형의 '뇌발작'의 증상을 아는 것은 중요하다. 왜냐하면, 빨리 반응하는 것이 뇌졸중이 야기할 수 있는 뇌손상을 최대한 줄이도록 도울 수 있기 때문이다.

뇌졸중 : 혈전 또는 파괴된 혈관

본질적으로 두 가지 주된 유형의 뇌졸중으로는 국소빈혈성ischemic과 출혈성hemorrhagic이 있다. 출혈성은 두 가지 유형 중 드문 형태로, 이는 출혈 또는 혈관이 파열되어 뇌의 일부로 혈액이 공급되지 않아서 일어난다. 국소빈혈성 뇌졸중은 혈전(주 : 피딱지)이 동맥을 막아서 뇌의 일부로 혈액이 공급되는 것을 심하게 막는다. 어떤 경우에서나 혈액이 공급되지 않은 뇌세포는 에너지를 만들 수 있는 능력을 잃고, 몇 분만에 죽을 수 있다. 또한 그 세포는 뇌를 손상시킬 수 있는 물질을 과도한 수준으로 방출한다. 그런 물질로는 칼슘, 글루타민산, 그리고 자유 유리기가 있다. 혈액이 공급되지 않는 영역의 중앙 가까이 있는 뇌세포는 위태롭게 되고 또한 죽을 수 있다. 비록 즉시는 아니라 하더라도 그렇다. 국소빈혈성 경계부위ischemic penumbra 또는 '변이하는 영역transitional zone'이라고 불리는 영역에 있는 뇌세포에는, 뇌졸중의 중심부위와 같은 정도로 심하지는 않지만 혈류가 감소한다. 새로 나온 뇌졸중 치료제가 표적으로 하는 영역이 바로 이 넓은 경계부위이다.

뇌졸중 증상

153쪽에 있는 박스는 뇌졸중의 주요 위험요인을, 우리가 무언가를 조치할 수 있는 것과 조치할 수 없는 것으로 나누어서 제시하고 있다. 당신에게 뇌졸중이 일어날 위험이 낮다고 하더라도, 당신은 그 증상들을 알고 있어야 한다. 주위에 있는 사람에게 뇌졸중이 일어나면 이를 알아차리고 뇌졸중을 일으킨 사람을 곧바로 병원으로 데려가도록 도와주기 위해서라도 알고 있어야 한다. 148쪽 있는 또 다른 박스에는 당신이 알아야 하는 주된 증상이 나타나 있다. 뇌졸중인 사람을 발견했을 때 당신이 할 수 있는 최선의 방법은, 당신이 직접 차를 몰고 그 환자를 병원으로 데려가기보다는 911(우리나라는 119에 해당됨)로 전화하는 것이다. 구급차가 환자를 태우는 데 걸리는 시간을 포함해서라도 구급차는 자가용보다 더 빨리 환자를 병원으로 데리고 갈 것이며, 응급실직원이 더 빠르게 응급처치할 것이다.

평균적으로 남자가 여자보다 뇌졸중을 일으킬 위험이 더 높다. 그러나 남자보다 여자가 뇌졸중으로 더 많이 죽는다. 여자들은 남자들보다 병원에 빨리 가지 않는 경향이 있다. 그렇기 때문에 여성들이 뇌졸중으로 더 심각한 결과를 겪게 된다. 그들은 또한 새로운 뇌졸중치료제로 받을 수 있는 치료혜택을 덜 받는다.

일시적 국소빈혈성 발작 : 증상과 그 결과

완전한 뇌졸중의 표시를 아는 것 이외에도 어떻게 '미니-뇌졸중', 공식적으로 일시적 국소빈혈성 발작transient ischemic attack; TIA으로 알려진 것을 알아내는 방법을 아는 것도 그럴만한 가치가 있다. TIA의 증상은 뇌졸중의 증상과 비슷하다. 그러나 그것은 단 몇 분만 지속된다. TIA는 뇌의 일부에 혈류공급이 일시적으로 감소해서 일어난다. 완전한 뇌졸중과는 달리, 혈류공급이 자발적으로 곧 정상수준으로 회복되어 뇌세포는 죽지 않는다. 그래서 뇌세포에 영구적인 손상은 없다. 그러나 TIA는 주요 뇌졸중의 위험을 증가시킨다. 미국의학협회 정기간행물Journal of the American Medical에서 출판된 최근연구에서 TIA를 겪은 사람의 10%가 석 달 이내에 주요 뇌졸중을 일으키고, 그 중 반이 이틀 이내에 그런 뇌졸중을 일으킨다는 것을 발견했다. 그렇기 때문에 TIA를 심각하게 생각하고, 만약 당신에게 그런 일이 일어난다면 곧바로 병원으로 가는 것이 중요하다.

뇌졸중증상

가장 흔한 증상

- 얼굴, 팔 또는 다리에 갑자기 마비가 오거나 약해진다. 특히 한쪽에만 그렇게 되는 경우가 있다.
- 갑자기 혼동을 느끼거나 말하기가 어렵다. 또는 다른 사람이 말하고 있는 것을 이해하기 어렵다.
- 한쪽 눈 또는 양쪽 눈에 갑자기 시각문제가 생긴다.
- 갑자기 균형을 잃거나 어지러움을 느끼거나 걷기 어렵다.
- 갑자기 심한 두통을 느낀다.

드물게 일어나는 증상

- 갑자기 구역질을 느끼거나 열이 나거나 구토한다
- 잠깐 의식이 상실된다.

일시적인 기억상실의 표시와 원인

어떤 면에서는 TIA와 비슷하지만 덜 위험한 것으로 일시적 전체기억상실증transient global amnesia; TGA이 있다. TGA는 뇌의 일부에, 특히 해마와 같은 기억과 관련된 뇌구조물에 혈액이 감소하여 일어나는 것으로 생각된다. TIA에서와 같이 영구적인 손상은 없다. TIA와 다른 점은 TGA는 완전한 뇌졸중의 위험을 증가시키는 것으로 보이지 않는다.

TGA의 첫번째 표시는 최근 사건에 대해 갑자기 기억이 상실되는 것이고, 때때로는 여러 해 전의 사건에 대한 기억을 잃기도 한다. TGA를 겪는 사람은 시간감각을 잃는다. 왜냐하면, 그들은 갑자기 새로운 기억을 형성할 수 없기 때문이다. 그래서 그들은 기억상실증을 겪을 때 자신이 어디에 있었는지, 자신이 무엇을 하고 있었는지, 기억상실증이 얼마나 오래 지속되었는지 또는 그들이 병원에 입원했다면 얼마나 거기에 오래 있었는지를 알지 못한다. 기억 이외 인지기능은 정상이다.

대부분의 경우, 하루나 이틀 이내에 기억상실증은 사라져 없어진다.

뇌의 기억구조물에 일시적으로 혈액공급이 감소되어 TGA를 일으키는 원인이 무엇인지 확실히 아는 사람은 아무도 없다. 어떤 연구자들은 뇌 신진대사에 갑작스런 변화를 일으키는 어떤 심리적인 촉발자극이 있을 것으로 믿는다. TGA는 50세가 넘은 사람들에게 가장 많이 나타난다. 그리고 명백히 신체적으로 힘을 쓰는 것, 정서적 스트레스, 성관계, 차를 운전하는 것, 심지어 찬물에서 수영하는 것으로 일어날 수 있다.

훈련받지 않은 관찰자에게는 TGA와 TIA의 증상들이 비슷하게 보이기 때문에, TGA와 비슷하게 묘사하면 의사는 이를 신속히 평가해야 한다. 만약 그것이 TGA라면 걱정할 이유가 거의 없다. 비록 TGA가 재발하더라도 보통은 그 후 재발하지 않는다. 그리고 그것은 어떤 손상이나 오래 지속되는 효과를 야기하지 않는다.

새로운 약을 처방해야 하는 세 시간짜리 창문, 그러나 이는 국소빈혈성 뇌졸중에만 해당된다

전통적으로 의사들은 일단 뇌졸중이 일어나면 그들이 할 수 있는 것은 거의 없다고 생각해왔다. 비록 뇌졸중환자를 급히 응급실로 데려간다고 하더라도 그 시점에서 보통 하는 프로토콜은 본질적으로 그 환자에게서 합병증을 탐지하는 것이었다.

그러나 최근 몇 년 동안 여러 가지 뇌졸중치료약물이 개발되었으며, 그 중 하나는 FDA가 병원에서 사용하는 것을 인정했다. 그 약은 조직 플라즈미노겐 활성화물질tissue plasminogen activator; TPA로 알려진 것으로, 이 약은 뇌졸중환자가 거의 또는 전혀 능력을 상실하지 않고 회복될 수 있는 확률을 30%나 되게 만들었다. 유일한 걸림돌은 TPA는 뇌졸중의 첫번째 증상이 나타나고 3시간 이내에 처치되어야 한다는 것이다. 그것은 어떻게 뇌졸중증상을 알아내고, 일단 그 증상이 일어났을 때 그 환자를 가능한 한 빨리 병원으로 데려가는 것이 그렇게도 중요한 이유이다.

새로운 TPA 약물이 어떻게 작용하는가, 그리고 언제 작용하지 않는가

칼슘, 글루타메이트, 그리고 유리기의 파괴적인 효과를 상쇄시키는 약물들이 FDA의 검사를 받고 있다. 이미 인정된 약물인 TPA는 혈전을 부수어서 경계부위에서 위태롭게 된 세포에 충분한 혈액공급을 원상복귀시키면서 효과를 낸다.

TPA는 아직 많은 의사들도 모르는 새로운 약물이다. 뇌졸중환자의 단지 2~3%만이 그 약물로 치료받는다. 그리고 그 소수집단 중 상당한 수가 부적절하게 치료받는다. 그 약물의 부작용을 최소로 줄이고 약물이 효과적으로 작용하게 하기 위해서는, 우리가 앞에서 언급한 바와 같이 TPA를 뇌졸중이 일어난 3시간 이내에 처치해야 한다. 그 세 시간 지속되는 창문이 닫힌 이후에는 또는 만약 TPA를 혈액희석제thinner와 함께 준다면 약물은 뇌출혈의 위험을 증가시킨다. 그 결과, 더 많은 뇌손상을 일으킨다. 당신도 추측하겠지만, TPA는 국소빈혈성뇌졸중 이후에만 사용해야 한다. 그래서 응급실직원이 해야 하는 첫번째 일 중에 하나는 뇌사진을 찍어서 어떤 유형인가 결정하는 것이다.

뇌졸중 위험요인들

많은 요인들이 뇌졸중의 위험을 일으킨다. 당신이 그런 요인을 많이 가지고 있을수록 뇌졸중의 위험은 더 커진다. 그런 요인 중 어떤 것에 대해서는 당신이 어떤 것도 할 수 없지만, 어떤 요인에 대해서는 당신이 변화시키거나 통제할 수 있다.

당신이 변화시킬 수 없는 위험요인들

• 나이 : 당신의 나이가 많을수록 뇌졸중의 위험은 커진다.

- 성 : 남성이 여성보다 더 많이 뇌졸중을 일으킨다. 그러나 여자 뇌졸중환자가 더 잘 죽는다.
- 유전성 : 만약 가까운 친척이나 가족구성원 중에 뇌졸중이 있는 사람이 있다면 당신이 뇌졸중을 겪을 위험은 증가한다.
- 인종 : 미국에 있는 흑인은 백인보다 뇌졸중의 위험률이 더 높다. 부분적으로는 그 사람들에게 고혈압, 당뇨병, 비만의 위험이 더 높기 때문이다.
- 이전에 겪은 뇌졸중이나 심장발작 : 만약 당신이 이미 뇌졸중을 일으킨 적이 있다면 또는 당신이 심장발작을 일으킨 적이 있다면 당신이 뇌졸중을 일으킬 위험성은 증가한다.

당신이 변화시킬 수 있는 위험요인들

- 고혈압
- 당뇨병
- 심장혈관 질환
- 동맥섬유질화(atrial fibrillation) : 이 심장 리듬 장애는 심방이 적절히 뛰지 않고 극도로 빨리 뛰는 장애로, 이 경우 동맥을 막을 수 있는 혈전이 생길 수 있다.
- TIA
- 흡연
- 신체적 무활동과 비만

뇌세포를 다시 만들기

신체운동과 정신운동이 어떻게 학습 능력과 회상하는 능력을 증진시키나

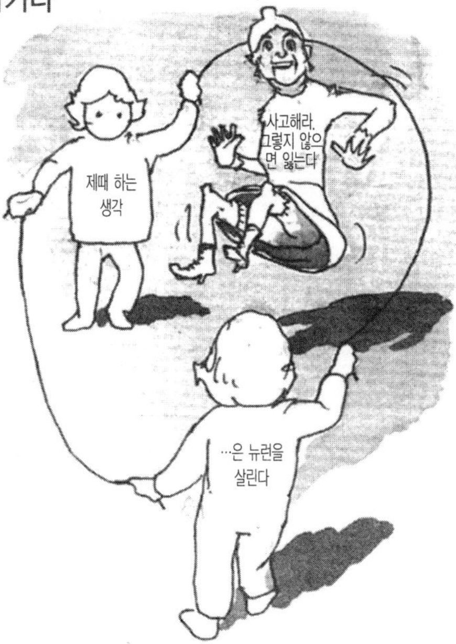

우리 모두 성장하면서 일단 뇌세포를 잃으면 그것을 대체시킬 수 없다는 생각을 해왔다. 우리가 숨쉴 때마다, 담배를 한 모금 빨 때마다, 한 잔의 포도주를 마실 때마다 또는 교통체증으로 스트레스를 받을 때마다

뇌세포가 죽고 대체되지 않는다는 생각을 한다면, 어느 누가 거기에 대해 두려워하지 않겠는가? 그렇다면 그것 때문에 당신은 아침에 눈뜨기가 무서울 것이다.

최근 몇 년 동안 연구자들은 신경재생neurogenesis, 즉 뇌세포의 재생에 대한 뚜렷한 증거를 발견했다. 이제 우리는 새로운 뇌세포들이 성숙한 쥐, 나무 뒤쥐, 명주 원숭이, 짧은 꼬리 원숭이에게서 성장할 수 있다는 사실을 알고 있다. 그리고 최근에는 인간에게서도 신경재생이 일어난다는 것이 사실임이 증명되었다. 당신이 생각해 볼만한 필요가 있는 것은, 뇌세포를 죽이는 것을 피하기 위해서 당신이 할 수 있는 것보다 오히려 더욱 많은 새로운 뇌세포를 만들기 위해서 당신이 할 수 있는 것이 있다는 사실이다. 그리고 그런 새로운 뇌세포가 살아남도록 돕는 것이다.

기억과 학습에 가장 중요한 두 뇌영역

이 새로운 발견에 의하면, 뉴런이 거의 확실히 대체되는 대단히 특정적인 뇌부위가 있다. 한 부위는 해마이다. 당신이 현재 기준에서 볼 때, 당신의 뇌부위 중에서 새로이 되었으면 하고 바라는 뇌부위로 해마보다 더 좋은 부위를 생각할 수 없을 것이다. 왜냐하면, 그 뇌구조물은 새로운 것을 학습하고 기억하는 데 결정적인 역할을 하기 때문이다. 그리고 가장 최근에 행한 연구 역시, 새로운 뇌세포가 작업기억과 문제해결 기술의 뇌부위인 전전두피질에서도 생겨날 수 있다는 증거를 제시하고 있다.

아마도 해마와 전전두피질, 이 두 뇌영역이 우리가 늙어가면서 감퇴하는 영역인 것은 우연이 아닐 것이다. 이 뇌영역이 점차 구조적으로 위축되면서, 연령과 관련되는 전형적인 기억감퇴와 정신민감성 감퇴가 일어난다. 이 변화들은 어느 정도로는 거의 모든 사람들에게서 일어난다. 이런 뇌구조물의 위축은 나이와 관련된 치매를 가장 많이 일으키는 원인인 알츠하이머 병을 겪는 사람에게서는 극단적으로 심하게 일어난다.

왜 어떤 사람은 다른 사람들보다 더 많이 감퇴하는가

이 모든 것은 몇 가지 의문을 야기한다. 만약 우리가 살아가는 동안 내내 새로운 뇌세포를 다시 만든다면, 그런데도 왜 우리는 정신적 민감성을 잃는가? 만약 우리의 해마가 끊임없이 새로이 만들어진다면, 왜 우리의 기억력이 감퇴하는가? 그리고 아마 가장 중요한 것으로 왜 어떤 사람의 뇌는 나이가 많이 들더라도 건강하게 유지되는데, 어떤 사람들은 잘 잊고 쉽게 혼동하고 또 어떤 사람은 알츠하이머 병에 걸리는가?

우리가 제일 먼저 알아야 할 것은 비록 신경재생이 전 생애 동안 일어난다 하더라도 나이가 들면서 그 속도는 자연히 둔해진다. 그러나 이것은 왜 나이든 사람들 중 어떤 사람은 다른 사람들보다 그 영향을 덜 받는가를 설명하지는 못한다.

이런 차이 중 어떤 것에 대한 설명은 유전에서 찾을 수 있다. 알츠하이머 병에서 가장 흔한 형태인, 전형적으로 65세 이후에 일어나는 알츠하이머 병, 즉 늦게 시작되는 알츠하이머 병에서는 ApoE라고 불리는 단백질을 부호화하는 유전자의 어떤 판version이 그 질병을 일으킬 위험을 어느 정도 증가시킨다. 그러나 유전자와 알츠하이머 병 간의 연결은 단순하지도 결정적이지도 않다. 그런 유전자의 위험성이 있는 판을 가지지 않은 많은 사람들도 알츠하이머 병을 나타낸다. 반면 그 유전자를 가진 사람 중 많은 사람들이 알츠하이머 병을 나타내지 않는다.

그렇기 때문에 다른 요인들이 관련되어 있음에 틀림없다. 그런 요인이 뇌의 신경재생의 속도에 영향을 미치는 것과 동일할 가능성이 대단히 많다. 유전적인 요인과는 달리, 이런 것에 대해서는 당신이 쉽게 무언가를 할 수 있다.

새 뉴런, 새 기억

대단히 최근에 나온 증거는 새로 생긴 뉴런들은 이미 있는 학습과 기억 시스템을 유지하기 위해서 오래된 뉴런에 연결되는 것보다 기억에서 더욱 중요한 역할을 할 것이라는 것을 나타내고 있다. 새 뉴런들은 새로운 기억을 형성하는 데 필요할 것이다.

정기간행물 『내이처(Nature)』에 출판된 한 실험에서 연구자들은, 새로 형성된 뇌세포만을 선택적으로 죽이는 화학물질을 쥐에게 주입했다. 그 쥐들은 해마에서 일어나는 학습과제를 새로 습득할 수 없었다. 이 해마라는 뇌구조물은 성숙한 뇌에서 새로 형성되는 뉴런이 나타나는 뇌부위이다. 그 쥐들은 해마에 의존하지 않는 다른 기억종류에는 아무런 문제도 없었다. 그렇기 때문에 새로운 뇌세포가 없으면 그 쥐들은 해마 — 의존적인 새로운 기억을 형성할 수 없다.

인간에서 해마에 의존하는 기억종류에는 어의적 기억 — 사실에 대한 기억 — 과 일화기억 — 장소와 사건에 대한 자서전적인 기억 — 이 포함된다. 알츠하이머 병은 이 두 가지 유형의 기억을 가장 많이 방해한다.

뇌세포를 일하도록 만들면 그 세포의 사망률을 낮추게 된다

한 가지 중요한 요인은 해마가 통제하는 기술을 당신이 어느 정도로 사용하는가이다. 야생에서 사는 동물들은 감금되어서 사는 동물들에 비해서 해마에 뉴런이 더 많다. 아마도 야생에서 사는 동물들이 해마에 의존하는 기술 — 예를 들면, 복잡한 환경에서 길찾기, 그리고 어떻게 다시 집으로 돌아오는가를 기억하기 — 을 더 많이 사용하기 때문이다. 어떤 야생동물의 신경재생은 계절의 요구에 따라 변한다. 머리가 검은 박새는 일 년 중 씨를 저장하고 찾는 기간 동안에는 해마에 새로운 뉴런이 더 많다. 그리고 씨를 저장하는 이 활동은 공간비행 기술을 사용하는 활동이다. 새로운 기술을 학습해야 하는 실험실 쥐는 배워야 할 것이 전혀 없는 쥐에 비해서 신경재생의 속도가 두 배인 것으로 나타났다.

연구자들은 아직 정신적인 운동이 어떻게 신경재생을 증가시키는지 정확히 알지 못한다. 그들은 신경재생이 두 배로 된 것은 신경세포의 생성이 증가되어서라기보다는 새로이 생성된 뇌세포가 더 많이 살아남은 결과로 본다. 우리가 뇌에 대해 알고 있는 것으로 생각해 볼 때, 재생된 뇌세포는 당신이 그것을 사용하느냐에 따라 살아남을 수도 있고 살지 못할 수도 있다. 결국, 그 원리는 우리가 태어난 순간부터 우리 뇌에 적용된다 — 실제로는 심지어 태어나기 전부터 적용된다.

그것을 이런 식으로 생각해 봐라

당신이 새로운 것을 배울 때마다 또는 이전에 해결한 적이 없는 퍼즐을 풀 때마다 당신은 갓 만들어진 뇌세포를 제 자리로 옮겨가도록 돕고 그 연결시키는 섬유, 즉 기억과 학습에 관련되는 다른 세포로 신경충동을 전달하는 수상돌기와 축색이 확장되도록 돕는다. 새로 형성된 뉴런을 살 수 있게 하고 그 연결을 증가하도록 도울 수 있다는 것은 늙으면서 뇌세포가 가차없이 죽는다는 이미지보다 훨씬 더 우리에게 힘을 주는 비전이다. 우선 새로운 뉴런을 더 많이 만들도록 우리가 할 수 있는 것이 있는가? 최근 연구에 의하면 우리가 할 수 있는 것이 있다.

신체운동은 뇌세포를 강화시키는 데 도움을 준다

정신운동과 함께 신체운동 역시 신경재생을 촉진시킨다. 충분한 운동을 할 수 있는 기회가 주어진 실험실 쥐에게서는 활동을 거의 할 수 없는 쥐보다 새로운 뉴런 수가 두 배가 되었다 — 이는 정신운동에 의해서 생기는 것과 동일한 정도의 증가이다. 그 쥐들은 또한 학습과 기억검사에서 더 잘 수행했다. 신체운동은 아마도 정신운동과는 다른 통로를 통해서 작용할 것이다. 아마 신체운동은 뇌세포를 유지시키고 수선하는 BDNF와 같은 성장요인의 수준을 상승시켜서 그런 작용을 할 것이다.

우울은 뇌기능을 해친다

최근에 이루어진 한 연구는 우울증 치료제가 새로운 해마세포의 생성을 증가시킨다는 강력한 증거를 제시하고 있다. 우울증 치료약의 한 가지 효과는 BDNF 수준을 상승시키는 것이다. 이는 신체운동에 의해서 증가되는 것과 동일한 성장요인이다. 그것은 적어도 우울증치료제가 신경재생을 향상시키는 한 가지 방법이 될 것이다. 예비연구에서 몇몇 항울제에 의해서 상승되는 한 가지 신경전달 물질인 세로토닌serotonin 역시 신경재생을 자극할 수 있다는 것을 나타내고 있다. 그것은 항울제가 신경재생에 이로운 효과를 나타내는 다른 기제가 될 것이다.

아마도 새로운 뇌세포를 항울제로 자극하여 가장 많이 혜택을 보는 사람들은, 보통의 이유로 항울제로 혜택을 보는 사람일 것이다. 즉, 우울의 결과로 낮은 BDNF와 세로토닌 수준을 가진 사람일 것이다.

더 빠르게 생각하기 위해서 체중을 줄이기

BDNF 수준을 상승시키고 새로 형성된 뇌세포의 생존율을 증가시키는 것으로 나타나는 또 다른 요인은 칼로리 섭취를 감소하는 것이다. 많은 연구는 제한된 칼로리로 된 먹이를 제공받은 쥐는 원하는 만큼 실컷 먹은 쥐들보다 더 오래 산다는 것을 나타내고 있다. 더욱 최근 연구에서 칼로리가 적은 식사는 뇌보호 효과를 가지고 있을 뿐 아니라 알츠하이머 병에서 일어나는 해마 뉴런의 변성을 상쇄시킬 수 있다는 증거를 제시하고 있다. 그것은 매일매일 칼로리 섭취를 비교적 적게 하는 중국과 일본에서 알츠하이머 병의 일인당 발생률이 미국과 서구유럽에 비해서 반 정도 밖에 되지 않는 이유가 될 것이다. 뉴욕 시 거주자를 대상으로 한 최근 연구에서도 칼로리를 가장 적게 섭취하는 사람들의 알츠하이머 발병률이 가장 낮은 것으로 나타났다.

이 연구들은 당신이 자신의 뇌 상태에 영향을 미칠 수 있는 몇 가지 실제적인 방법을 지적하고 있다. 우선, “사용하라, 그렇지 않으면 잃게 된다.”는 개념은 단지 인기를 끄는 슬로건이 아니다. 그것은 문자 그대로 새로 형성된 뇌세포의 생존에도 해당된다. 둘째, 신체운동은 당신의 기분을 증진시키고 신체를 건강하게 만들 뿐 아니라 정신건강을 유지시키는 데도 도움을 준다. 사실, 신체건강, 정신건강, 그리고 기분은 너무나 꽉 얽혀 있어서 당신이 다른 것에는 영향을 주지 않으면서 한 가지에만 영향을 줄 수는 없다.

에스트로겐이 알츠하이머를 막는 데 도움을 줄 수 있다는 증거

BDNF가 뇌세포의 생성을 증가시키는, 자연적으로 생성되는 유일한 화학물질은 아니다. 에스트로겐 역시 그런 작용을 한다. 암컷 쥐의 신경재생률에서 나타나는 상승과 하강은 그들의 발정주기 동안 에스트로겐 수준의 변동과 일치하는 것으로 나타났다. 만약 암컷 쥐의 난소를 제거하면, 그 결과로 에스트로겐 수준이 떨어진다. 그리고 새로운 뇌세포의 생성률 역시 떨어진다. 만약 그 때 에스트로겐 보충제를 주면 그것은 다시 상승한다.

이런 발견들은 인간에게서 에스트로겐이 치매에 대한 보호효과를 가지고 있다는 연구결과와 일치한다. 그것이 폐경기를 지난 여성들에게 때때로 에스트로겐 대체요법을 하라고 권하는 한 가지 이유이다. 최근에 한 연구에서, 자연적인 에스트로겐 수준이 높은 65세 이상의 여성은 인지감퇴를 덜 겪는 것으로 나타나고 있다.(비록 그들의 난소는 더 이상 에스트로겐을 생성하지 않지만, 그 호르몬은 아직도 부신선에서 만들어지는 호르몬으로부터 전환되어 만들어진다) 그래서 에스트로겐 수준이 낮은 여성들은 알츠하이머 병과 같은 치매를 겪을 위험성이 가장 높을 것이다. 그리고 그 사람들은 에스트로겐 대체요법으로 가장 혜택을 많이 볼 것이다.

새로운 치료법들

실험실에서 발견한 것, 그리고 당신이 우선 할 수 있는 것

나이와 관련된 치매에 관한 최근의 많은 연구에서 계속 떠오르는 주제는 다음과 같은 단순한 단어 몇 개로 요약될 수 있다. 정신적 자극과 사회적 자극은 알츠하이머 병을 막는 보호효과를 지닐 것이다. 동물 모델을 사용하여 연구자들은 정신적 자극이 새로운 것을 학습하고 기억하는 데 특히 중요한 뇌부위에서 신경재생 — 새로운 뉴런의 생성 — 의 비율을 두 배로 만든다는 사실을 발견했다. 그리고 그 뇌부위는 알츠하이머 병에서 전형적으로 타격을 많이 받는 뇌부위이다.

인간에게서 정신적 자극과 사회적 자극은 뇌에 여분의 신경통로를 만들어 줄 것이다. 만약 어떤 뇌세포가 덜 효과적으로 작용하기 시작하거나 알츠하이머 병의 반점과 얽힘에 의해서 영향을 받기 시작하면 이 여분의 신경통로에 의지할 수 있다. 이와 같은 알츠하이머 병의 예방에 대한 '기능적 비축func-tional reserve' 또는 '지원back-up' 이론은 다음과 같은 증거에 의해서 지지된다. 알츠하이머 병의 구조적 표시가 동일한 사람들 중에서도 높은 교육을 받은 사람들이 기억손상과 추리손상과 같은 행동증상을 적게 보인다.

이제 우리는 신체활동 역시 신경재생을 증가시킨다는 사실을 알고 있다. 그리고 신체와 정신을 건강하게 유지하는 것이 좋은 아이디어라는 것도 알고 있다. 나이가 들면서도 우리를 멋지게 유지시키는 다른 유인물들도 있다. 사회적, 지적, 그리고 신체적 자극은 쾌를 일으키는 신경전달 물질(『뇌에 투자하라』, '학습중독'(145쪽)을 보라)의 수준을 상승시킨다. 그리고 그것은 다시 더욱 풍부하고 더욱 재미있는 삶을 만든다.

풍부하고 자극적인 삶을 사는 사람들 중 일부 역시 알츠하이머 병을 겪는다는 사실이 남아있다. 이것은 다른 유발요인이 또 있다는 것을 가리킨다. 유전적 요인이 그 중 하나임에 틀림없다. 그래서 명백히 그 질병을 예방하고, 심지어 치료하기 위해서는 유전적인 수준, 즉 뇌화학 수준에 작용하는 방법들을 발견하는 것이 가치 있을 것이다.

알츠하이머 병을 치료하기 위한 유전적 접근

알츠하이머 병에는 두 가지 주된 유형이 있다. 일찍 시작되는 알츠하이머 병과 늦게 시작되는 알츠하이머 병이 그것이다.

일찍 시작되는 알츠하이머 병은 비교적 유전적인 요소가 강하다. 이 유형의 병을 가진 사람들의 40%는 그 질병의 가족역사를 가지고 있다. 두 가지 유전자가 초기에 시작되는 알츠하이머 병과 관련된다는 것이 확인되었다. 한 가지 유전자는 21번 염색체 위에 있는데, 이 유전자는 아밀로이드 선구단백질amyloid precursor protein; APP이라는 단백질을 생성한다. 만약 이 유전자에 결함이 생기면 그것이 생성하는 APP는 베타-아밀로이드beta-amyloid라는 펩타이드로 쪼개지게 된다. 그것은 뇌세포의 시냅스에 반점으로 축적될 수 있다. 그러나 초기에 일어나는 알츠하이머 병은 65세 전에 일어나는데, 이는 드물다. 비록 알츠하이머 병의 명칭이 원래 초기에 일어나는 유형의 알츠하이머 병에 붙여졌지만, 이 질병은 알츠하이머 병의 일부분에만 해당되고, 이는 대부분의 사람들이 걱정하는 그런 유형이 아니다.

65세 이후에 발병하는, 늦게 시작하는 유형이 더 흔한 것이다. 이 유형의 알츠하이머 병은 80세인 사람에게서는 다섯 명 중 한 사람 꼴로 생기고, 90세인 사람 두 명 중 한 명이 이 질병으로 고생한다. 늦게 시작하는 알츠하이머 병의 경우에는 유전적인 요인이 비교적 약하다. 그러나 유전자 하나가 늦게 시작하는 알츠하이머 병의 몇 가지 경우에서 중요한 역할을 하는 것으로 보인다. 이 유전자는 아폴리포프로테인E apolipoprotein E; ApoE으로 불리는 단백질을 만드는데, 이 유전자에는 세 가지 변형이 있다. 모든 사람들이 각 부모로부터 한 가지 ApoE 유전자를 물려받는다. 그래서 6개 조합이 가능하다. 그 변형 중 한 가지인 e4라고 불리는 것이 알츠하이머 병의 위험률을 높인다. 특히 양쪽 부모들로부터 유전받을 경우에 그렇다.

최근 한 제약회사 연구팀이 베타-아밀로이드 반점을 막는 백신을 개발했는데, 그 연구자들은 그것을 APP를 만드는 유전자에 결함이 있는 생쥐에게서 검사했다. 정상적으로는 이 유전적인 생쥐혈통은 태어난 지 11개월이 지나면 심각한 아밀로이드 반점을 발달시킨다. 그 백신은 베타-아밀로이드 형태로 구성되어 있고 베타-아밀로이드 항체를 생성하도록 자극한다. 이 백신은 아직 베타-아밀로이드 반점을 발달시키지 않은 생쥐에게서 베타-아밀로이드 반점이 발달하는 것을 막았으며 또한 베타-아밀로이드 반점을 이미 가진 생쥐의 세포 시냅스에서는 반점을 깨끗이 없앴다.

학계에 있는 연구자들은 더욱 최근에 알츠하이머 병에 취약한 생쥐에게 백신을 주사하는 것이 생쥐에게서 학습과 기억 관련 문제도 막는다는 것을 나타내었다. 다른 말로 표현하면, 그 백신은 단지 생쥐뇌에 있는 알츠하이머 병의 구조적 증세를 막을 뿐만 아니라 이 유전적인 생쥐혈통이 나타내는 행동적 증세도 막는다.

그 백신이 인간에게 안전하고 효과적인가에 대해서는 아직 아무도 확실히 알지 못한다. 그렇다 하더라도 그것이 결함이 있는 APP 유전자에 의해서 야기되는, 초기에 시작하는 종류 이외 다른 알츠하이머 병의 형태에도 효과가 있는가 여부에 대해서는 아무도 말할 수 없다. 그러나 이 시점에서 그것은 우리가 알츠하이머 병의 효과적인 치료에 대해 가지는 최선의 희망이다.

줄기세포 이식이 알츠하이머 병의 실현 가능한 치료법인가?

알츠하이머 병의 치료로 연구되고 있는 또 다른 기법은 줄기세포를 뇌에 직접 이식, 즉 주입하는 것이다.

줄기세포는 일반적인 목적을 가진 세포로, 이 세

포는 분화, 발달해서 신체를 구성하는 특수화된 세포 어떤 것으로도 될 수 있다. 줄기세포 연구에서 논쟁적인 측면 중 한 가지는 낙태한 태아에게서 그 세포를 가져온다는 데 있다. 그리고 나서 그 세포는 치료받고 있는 그 질병에 필요한 어떤 특정한 세포로 발달하게끔 유도된다. 좀더 직접적인 기법은 이미 어느 정도 옳은 방향으로 특수화된 태아조직을 추출하는 것이다. 예를 들면, 알츠하이머 병연구에서 신경성장 요인을 분비하는 원종progenitor 뇌세포로 이미 특수화된 세포를 추출하는 것이다. 줄기세포의 또 다른 유망하면서 덜 논쟁적인 원천은 환자 자신의 신체다. 이 기법은 윤리적인 문제를 피할 수 있을 뿐만 아니라 이식되는 사람의 면역계에 의해서 이식에 대한 거부반응이 일어나는 것을 피하는 이점도 가지고 있다.

줄기세포 이식은 현재 신경변성 질환이나 손상으로, 손상되거나 잃은 뇌 시스템의 기능을 회복하는 한 가지 방법으로 연구되고 있다. 예를 들면, 파킨슨씨 질환은 도파민을 만드는 뇌세포를 죽게 한다. 잃어버린 세포의 기능을 대체하고 떠맡도록 하기 위해서 도파민을 만들 수 있는 태아세포를 파킨슨씨 병환자의 뇌에 실험적으로 주입한다. 알츠하이머 병의 치료를 위해서도 동일한 접근법을 상상해 볼 수 있다. 알츠하이머 병의 경우 '기억' 신경전달 물질인 아세틸콜린을 생산하고 거기에 반응하는 시스템에 있는 세포를 대체하면 될 것이다.

불행히도 파킨슨 씨 질환을 치료하기 위해서 태아세포 이식을 사용한 주의깊게 통제된 인간실험에서 나온 가장 최근의 뉴스는 좋지 않다. 실험에 참가한 환자 대부분이 이식을 했는데도 전혀 좋아지지 않았다. 더 나쁘게는 그 환자 중 15% 환자에게서, 이식된 세포가 너무 지나치게 자라났다. 그 결과, 통제할 수 없는 발작적인 움직임이 일어났다. 이 부작용은 이식된 세포가 이미 옳은 방향으로 발달하고 있는 뇌세포와 연결하는 데 대해서 우리가 얼마나 많이 모르는가를 나타낸다.

"사용하라, 그렇지 않으면 잃게 된다"는 말은 항상 적용될 것이다

알약의 형태나 수술로 하는 세포이식이 알츠하이머 병치료에 이용 가능하다고 하더라도, 이미 있는 뇌세포와 새로운 뇌세포 모두를 사용하는 것 — 다른 말로 표현하면 '자극하거나', '운동시키는' 것 — 의 중요성은 아무리 강조해도 지나치지 않다. 동물로 연구한 줄기세포 이식 실험에서 정신적인 자극을 하면서 이식했을 때는, 정신적인 자극없이 이식만 한 경우보다 성공할 확률이 더 높다.

이는 성숙한 인간 뇌에서도 일어나고 있는 뇌세포의 자연적인 재생에도 동일하게 적용된다. 정신적인 자극없이는 — 새로운 학습과 기억과제를 하기 위하여 새로운 세포를 특별히, 그리고 의식적으로 사용하지 않고는 — 그런 세포 중에서 굉장히 적은 수만 제대로 기능하게 된다. 그래서, 약물치료나 수술로 하는 치료를 하거나 하지 않거나 간에 "사용해라. 그렇지 않으면 잃는다."

라는 원칙은 계속 적용된다('뇌세포를 다시 만들기'(155쪽)와 '건강한 노화'(23쪽)를 보라).